Mandeep Kaur
Jagtar Singh

# Simulação e análise de matrizes de antenas

Mandeep Kaur
Jagtar Singh

# Simulação e análise de matrizes de antenas

ScienciaScripts

**Imprint**



Cover image: www.ingimage.com

This book is a translation from the original published under ISBN 978-3-659-85714-0.

Publisher:
Sciencia Scripts
is a trademark of
Dodo Books Indian Ocean Ltd. and OmniScriptum S.R.L publishing group

120 High Road, East Finchley, London, N2 9ED, United Kingdom
Str. Armeneasca 28/1, office 1, Chisinau MD-2012, Republic of Moldova, Europe
Printed at: see last page
**ISBN: 978-620-8-29496-0**

# Resumo

Com o aumento da aplicação das comunicações sem fios, incluindo LAN sem fios e TV por cabo sem fios, a procura de uma transmissão digital fiável aumentou. As antenas são uma parte essencial do sistema de comunicações sem fios e a conceção da antena afecta o desempenho da ligação. Uma antena é utilizada para transformar um sinal de radiofrequência, que viaja num condutor, em ondas electromagnéticas no espaço livre. Uma vez que uma antena de elemento único não é normalmente suficiente para satisfazer as necessidades técnicas devido ao seu desempenho limitado. Por isso, são utilizados conjuntos de antenas. Prevê-se que um conjunto de antenas utilizadas em veículos, navios, aeronaves, satélites e estações de base desempenhe um papel importante na satisfação da procura crescente de canais para estes serviços, bem como na realização do sonho de um dispositivo de comunicações portátil do tamanho de um relógio de pulso disponível a um custo acessível para esses serviços.

Nesta tese, é efectuada a análise de vários conjuntos de antenas. Foi efectuado o estudo de diferentes tipos de conjuntos de antenas lineares, tais como os conjuntos broadside, binomial e Dolph-Tchebysheff. Em seguida, procedeu-se à sua comparação com base nas correntes que circulam através dos elementos radiantes, calculando o padrão de radiação e traçando-o para o visualizar, o que constitui uma das tarefas da análise de antenas com a ajuda do software MATLAB.

Os conjuntos de antenas rectangulares são estudados e sintetizados com a ajuda de diferentes comandos disponíveis sob a forma de ferramentas DSP disponíveis no MATLAB. A matriz retangular, juntamente com o seu fator de matriz, foi estudada e, com base nela, foi feita a análise de uma determinada matriz com as equações.

A otimização da directividade das matrizes rectangulares foi efectuada através da determinação das posições relativas dos radiadores individuais uns em relação aos outros. Para tal, varia-se o espaçamento entre elementos e aumenta-se o número de elementos. O principal objetivo é encontrar o espaçamento ideal e uma elevada directividade no terceiro objetivo. O cálculo da directividade é feito com a ajuda do software PCAAD (Personal Computer Aided Antenna Design) versão 5.0.

# Índice

**CAPÍTULO 1** 3

**CAPÍTULO 2** 10

**CAPÍTULO 3** 14

**CAPÍTULO 4** 25

**CAPÍTULO 5** 45

# CAPÍTULO 1

# INTRODUÇÃO

## 1.1 Introdução à antena

As antenas tornaram-se dispositivos omnipresentes e ocupam uma posição de destaque nos sistemas sem fios. A rádio e a televisão, bem como as comunicações móveis por satélite e de nova geração, registaram o maior crescimento entre os sistemas industriais. O mercado mundial das comunicações sem fios continua a crescer a uma velocidade vertiginosa e o maior impacto económico e social provém atualmente da telefonia celular, das comunicações pessoais e dos sistemas de navegação por satélite [1]. Muitos destes sistemas têm servido de motivação para os engenheiros incorporarem antenas elegantes em sistemas práticos e portáteis. O domínio das comunicações móveis sem fios está a crescer a um ritmo explosivo, abrangendo muitas áreas técnicas. A sua esfera de influência ultrapassa a imaginação. As actividades mundiais nesta indústria em crescimento são talvez uma indicação da sua importância. Uma antena é utilizada para transformar um sinal de RF, que viaja num condutor, numa onda electromagnética no espaço livre. As antenas demonstram uma propriedade conhecida como reciprocidade, o que significa que uma antena manterá as mesmas caraterísticas independentemente de estar a transmitir ou a receber [2]. As antenas são dispositivos dependentes da frequência. Cada antena é projetada para uma determinada banda de freqüência. Para além da banda de operação, a antena rejeita o sinal e actua como um filtro de passagem de banda e um transdutor. Os sistemas de comunicação sem fios chegaram agora a um ponto em que os avanços substanciais na tecnologia das antenas se tornaram uma questão crítica. Em 12 de dezembro de 1901, Guglielmo Marconi recebeu com sucesso a primeira mensagem de rádio transatlântica [3]. A mensagem era o código Morse para a letra 'S' - três cliques curtos. Este acontecimento foi, sem dúvida, o mais significativo dos êxitos alcançados nos primórdios da comunicação via rádio. Este sistema de comunicação, embora tecnicamente funcional, tinha claramente uma margem significativa para ser melhorado. O domínio das comunicações sem fios registou um século de melhorias. O envelope foi empurrado em todas as direcções imagináveis, não sendo provável que o progresso abrande num futuro previsível. O desenvolvimento nos domínios da eletrónica, da teoria da informação, do processamento de sinais e da teoria das antenas contribuiu para a ubiquidade dos sistemas de comunicação sem fios actuais [4-5]. As antenas são transdutores que transferem energia electromagnética entre uma linha de transmissão e o espaço livre [6]. Os conjuntos de antenas são utilizados para dirigir a energia radiada para um sector angular desejado. O número, a disposição geométrica e as amplitudes e fases relativas dos elementos do conjunto dependem do padrão angular que deve ser alcançado [7]. Prevê-se que um conjunto de antenas utilizado em veículos, navios, aeronaves, satélites e estações de base desempenhe um papel importante na satisfação da procura crescente de canais para estes serviços, bem como na realização do sonho de ter um dispositivo de comunicações portátil do tamanho de um relógio de pulso disponível a um custo acessível para esses serviços [8].

# 1. 2Mecanismo de radiação de uma antena

Para sabermos como é que uma antena irradia, vamos primeiro considerar como é que a radiação ocorre. Um fio condutor irradia principalmente devido a uma corrente variável no tempo ou a uma aceleração (ou desaceleração) da carga. Se não houver movimento de cargas num fio, não ocorre radiação, uma vez que não há fluxo de corrente. A radiação não ocorrerá mesmo que as cargas se movam com velocidade uniforme ao longo de um fio reto. No entanto, cargas que se movam com velocidade uniforme ao longo de um fio curvo ou dobrado produzirão radiação. Se a carga estiver a oscilar com o tempo, então a radiação ocorre mesmo ao longo de um fio reto, como explicado em [2]. A radiação de uma antena pode ser entendida com a ajuda da Figura 1.1 e da Figura 1.2.

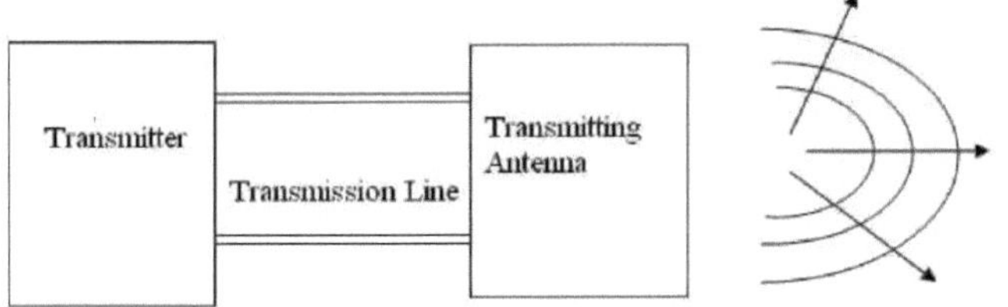


Figura 1.1. A antena de transmissão converte a corrente eléctrica em ondas electromagnéticas [6].

A figura 1.1 mostra a parte transmissora de uma antena. Neste caso, uma fonte de tensão é ligada a uma linha de transmissão de dois condutores sob a forma de um transmissor. Quando uma tensão sinusoidal é aplicada através da linha de transmissão, é criado um campo elétrico de natureza sinusoidal, o que resulta na criação de linhas de força eléctricas tangenciais ao campo elétrico. A magnitude do campo elétrico é indicada pelo agrupamento das linhas de força eléctricas.

Os electrões livres nos condutores são deslocados à força pelas linhas de força eléctrica e o movimento destas cargas provoca o fluxo de corrente que, por sua vez, leva à criação de um campo magnético. Devido à variação temporal dos campos eléctricos e magnéticos, são criadas ondas electromagnéticas que viajam entre os condutores. À medida que estas ondas se aproximam do espaço aberto, formam-se ondas no espaço livre, ligando as extremidades abertas das linhas eléctricas. Uma vez que a fonte sinusoidal cria continuamente a perturbação eléctrica, as ondas electromagnéticas são criadas continuamente e viajam através da linha de transmissão, através da antena e são irradiadas para o espaço livre. No interior da linha de transmissão e da antena, as ondas electromagnéticas são sustentadas devido às cargas, mas assim que entram no espaço livre, formam circuitos fechados e são irradiadas. Do ponto de vista do circuito, uma antena transmissora comporta-se como uma impedância equivalente que dissipa a potência transmitida. O transmissor é equivalente a um gerador que gera a tensão e actua como fonte de tensão [3].

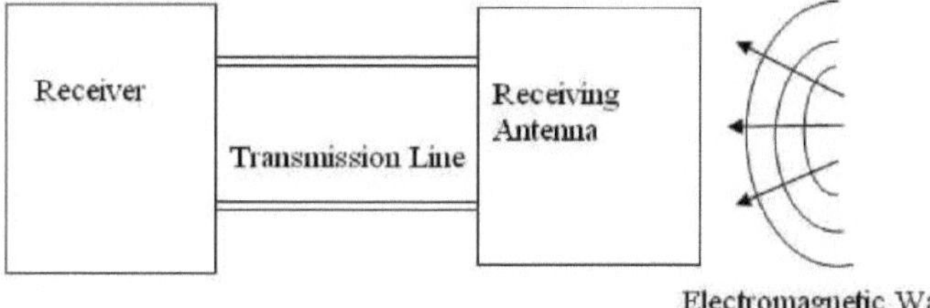


Figura 1.2: A antena de receção converte as ondas electromagnéticas em corrente eléctrica [6].

A figura 1.2 mostra a parte de receção. O procedimento básico envolvido no caso do recetor é o mesmo que o do transmissor. Como as ondas electromagnéticas são detectadas pela antena recetora, estas ondas podem ser convertidas de novo em fluxo de portadores de carga a partir das suas correntes devido à propriedade de reciprocidade da antena [2]. Assim, o recetor recebe a informação sob a forma de portadores de carga. Uma antena recetora comporta-se como um gerador com impedância interna correspondente à impedância equivalente da antena. O recetor representa a impedância de carga que dissipa a potência média temporal gerada pela antena recetora. Assim, esta radiação torna a antena possível para a comunicação em aplicações móveis e outras. Desta forma, a antena permite satisfazer a procura crescente de um grande número de telemóveis nos canais de comunicação [3].

## 1. 3Parâmetros da antena

O desempenho básico da antena pode ser descrito por vários parâmetros da antena. Alguns dos parâmetros importantes da antena são descritos nesta secção.

1. Elemento: A antena individual utilizada num sistema de conjunto de antenas é conhecida como elemento. O número de elementos num conjunto varia de dois a milhares.
2. Um radiador isotrópico: É um radiador fictício e é definido como um radiador que irradia uniformemente em todas as direcções. Também é chamado de fonte isotrópica ou radiador omnidirecional ou simplesmente unipolo [5]. Um radiador isotrópico é um radiador ou antena

hipotético sem perdas, com o qual os radiadores ou antenas práticos são comparados. Assim, uma antena ou radiador isotrópico é utilizado como antena de referência. Embora, por vezes, também se utilize uma antena dipolo de meia onda como antena de referência, atualmente prefere-se a antena isotrópica como antena de referência. Uma fonte pontual de som é um exemplo de radiador isotrópico.

3. Monopolos e Dipolos: Estas são as antenas mais utilizadas. O monopolo é um fio reto instalado verticalmente acima de um plano de terra, é polarizado verticalmente e tem uma radiação omnidirecional no plano horizontal. Todas as antenas dipolo têm um padrão de radiação generalizado. Em primeiro lugar, o padrão de elevação mostra que uma antena dipolo é melhor utilizada para transmitir e receber a partir do lado largo da antena. Ela é sensível a qualquer movimento que se afaste de uma posição perfeitamente vertical.

4. Directividade: A directividade (ou directividade máxima) é um parâmetro de antena importante que descreve o grau de direccionalidade de uma antena em relação a uma fonte de referência, normalmente um radiador isotrópico. Uma antena com uma directividade de 1 (ou 0 dB) seria uma fonte isotrópica; todas as antenas reais apresentam uma directividade superior a esta. Quanto maior for a directividade, mais pontiagudo ou direcional será o padrão da antena. A directividade de uma antena ou de um conjunto pode ser determinada observando o seu padrão de radiação [2]. Num conjunto que propaga uma determinada quantidade de energia, ocorre mais radiação em determinadas direcções do que noutras. A directividade, D, pode ser calculada a partir de

$$D = \frac{4\pi}{\int_0^{2\pi}\int_0^{\pi}[f(\theta,\phi)]^2 \sin\theta \, d\theta d\phi} \quad ..(1.1)$$

Os elementos da matriz podem ser alterados de forma a mudar o padrão e distribuí-lo mais uniformemente em todas as direcções. Os elementos podem ser considerados como um grupo de antenas alimentadas a partir de uma fonte comum e orientadas em direcções diferentes. Por outro lado, os elementos podem ser dispostos de modo a que a radiação seja concentrada numa única direção. Sem aumento da potência do transmissor, a quantidade de radiação numa determinada direção seria maior. Uma vez que a potência de entrada não aumentou, este aumento da directividade é conseguido à custa do ganho noutras direcções.

5. Padrão de radiação: Um padrão de radiação é um gráfico 3D das suas propriedades de radiação a partir da fonte. Uma antena física tem um padrão de radiação que varia com a direção. O padrão de radiação é um gráfico que mostra a variação da intensidade real do campo eletromagnético em todos os pontos que se encontram a igual distância da antena. Por reciprocidade, o padrão de

radiação é o mesmo que o padrão de receção da antena, pelo que os dois podem ser discutidos indistintamente. O padrão de radiação da antena é normalmente observado sob duas formas: a) o padrão de elevação. b) o padrão de azimute. O padrão de radiação assume diferentes formas, dependendo da distância a que a observação se encontra da antena. Estas regiões, por ordem crescente de distância da antena, são normalmente designadas por região reactiva de campo próximo, região radiante de campo próximo (Fresnel) e região de campo distante (Fraunhofer) [3]. O padrão de radiação mostra que a antena irradia potência numa determinada direção do que noutra direção. Esta propriedade é conhecida como directividade e é medida em db ou decibéis.

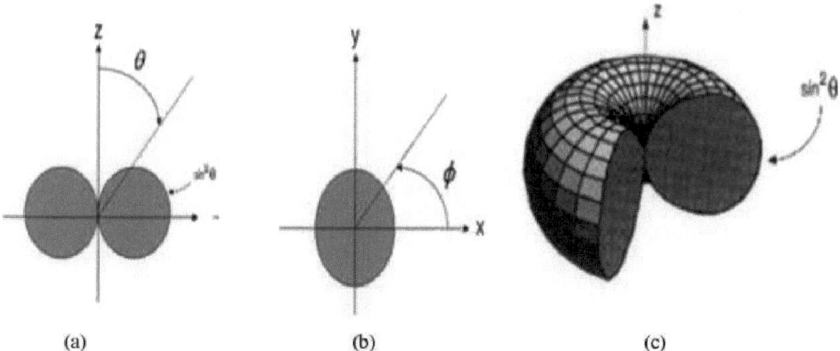


Figura1.3. Padrão de radiação [6] (a) Padrão de elevação, (b) Padrão azimutal, (c) Padrão de radiação 3-D de um conjunto de antenas

O padrão de elevação é um gráfico da energia irradiada pela antena olhando para ela de lado, como pode ser visto na Figura 1.3 (a). O padrão de azimute é um gráfico da energia irradiada pela antena, olhando-a diretamente de cima, como ilustrado na figura 1.3 (b).

Figura 1.3 (b). Quando os dois gráficos são combinados e apresentados no sistema de coordenadas esféricas, forma-se uma representação 3D da energia irradiada pela antena (Figura 1.3 (c)) [6].

6. **Lóbulos laterais:** Uma antena não é capaz de irradiar igualmente numa só direção. A radiação deve estar noutras direcções também sob a forma de energia. Estes incluem o lóbulo menor (qualquer lóbulo exceto um lóbulo maior), os lóbulos laterais (que não o lóbulo pretendido), os lóbulos traseiros (ângulo de 180° em relação ao feixe da antena).

## 1.4 Objectivos

O objetivo desta tese foi obter uma compreensão detalhada das caraterísticas dos conjuntos de antenas lineares e rectangulares nos sistemas de comunicação. Assim, o foco principal tem sido o estudo detalhado da análise destes vários tipos de conjuntos de antenas. Os principais pontos dos objectivos da tese são os seguintes

> Comparar os diferentes tipos de conjuntos de antenas lineares.

> Análise de matrizes de antenas rectangulares utilizando a caixa de ferramentas DSP do MATLAB.

> Otimização da directividade de matrizes de antenas rectangulares.

A análise de matrizes de antenas é visualizada por diferentes métodos. No primeiro objetivo, foi feito o estudo de diferentes tipos de matrizes de antenas lineares, como as matrizes broadside, binomial e Dolph-Tchebysheff. Em seguida, a sua comparação foi efectuada com base nas correntes que fluem através dos elementos radiantes, calculando o padrão de radiação e traçando-o para o visualizar, o que constitui uma das tarefas da análise de antenas com a ajuda do software MATLAB.

No segundo objetivo, as matrizes de antenas rectangulares são estudadas e sintetizadas com a ajuda de diferentes comandos disponíveis sob a forma de ferramentas DSP disponíveis no MATLAB. A matriz retangular, juntamente com o seu fator de matriz, foi estudada e, com base nela, foi feita a análise de uma determinada matriz com as equações.

No terceiro objetivo, a otimização da directividade das matrizes rectangulares foi efectuada através da determinação das posições relativas dos radiadores individuais uns em relação aos outros. Para tal, varia-se o espaçamento entre elementos e aumenta-se o número de elementos. O principal objetivo é encontrar o espaçamento ideal e uma elevada directividade no terceiro objetivo. O cálculo de

directividade é feita com a ajuda do software PCAAD (Personal Computer Aided Antenna Design) Versão 5.0.

## 1.5 Resumo da tese

O conteúdo da tese está organizado em 6 capítulos. O primeiro capítulo aborda a antena, os parâmetros da antena e os objectivos. De seguida, apresenta-se o conteúdo de cada um dos capítulos subsequentes da presente tese:

Chapter 2 trata do trabalho realizado pelos investigadores no domínio dos conjuntos de antenas durante os últimos anos. Apresenta uma panorâmica geral das ideias e pontos de vista sobre a antena e o conjunto de antenas.

Chapter 3 analisa os vários tipos de matrizes. Em primeiro lugar, é abordada a teoria em termos de matriz de antena linear. Em seguida, é apresentada a introdução básica à matriz retangular. Além disso, são examinadas as várias equações para ambas as matrizes.

Chapter 4 O artigo aborda os diferentes tipos de simulações que foram efectuadas no caso de matrizes de antenas lineares e rectangulares com o software MATLAB e PCAAD e os valores de directividade para ambas as matrizes são avaliados. Além disso, analisa e discute os resultados obtidos com as simulações.

Chapter 5 conclui o trabalho realizado nesta tese. Este capítulo introduz também as possibilidades de trabalho para o futuro.

# CAPÍTULO 2

## PESQUISA BIBLIOGRÁFICA

Este capítulo aborda as teorias e as propriedades das antenas. Foram discutidas as questões relacionadas com o padrão de radiação e a directividade dos conjuntos de antenas lineares e rectangulares. Também foi explicado o trabalho realizado no caso dos conjuntos lineares e rectangulares por vários investigadores. Para esta tese, era necessário reconhecer, compreender e praticar estes factores importantes.

Lal C. Godara apresenta um tratamento exaustivo e pormenorizado de diferentes esquemas de formação de feixes, algoritmos adaptativos para ajustar a ponderação necessária nas antenas, métodos de estimativa da direção de chegada, incluindo a comparação do seu desempenho, e efeitos de erros no desempenho de um sistema de matriz, bem como esquemas para os atenuar. Reúne quase todos os aspectos do processamento de sinais de matrizes. O processamento de matrizes envolve a manipulação de sinais induzidos em vários elementos de antena. Prevê-se que o processamento de matrizes desempenhe um papel importante na satisfação das exigências crescentes de vários serviços de comunicações móveis [8].

J. Davalos Guzman et al. explica a descrição da teoria, algoritmos e programas em código MATLAB para a simulação de matrizes lineares e planas com geometrias rectangulares e circulares. O software inclui o desenho de matrizes lineares e planares. As matrizes lineares podem escolher a amplitude e a separação para qualquer distribuição (binomial, Tschebyscheff e triangular). Para o caso de matrizes planas uniformes, foi desenvolvido o software para geometrias rectangulares e circulares [9].

Chuan Lin et al. propõem o algoritmo de evolução diferencial (DE) com uma nova estratégia de base de mutação diferencial, a melhor das aleatórias, que pode ser aplicada à síntese de matrizes de antenas desigualmente espaçadas. A estratégia de mutação aleatória best of é utilizada como base de mutação para o melhor indivíduo entre três indivíduos escolhidos aleatoriamente, enquanto os outros dois são para a diferença de vectores. Assim, é possível obter um bom equilíbrio entre diversidade e velocidade de evolução. Utiliza-se um método de codificação indireta para converter o problema de síntese restrito num problema não restrito. O efeito da resolução angular do padrão de radiação também é discutido [10].

Rosaura Lorenzo-De-La-Cruz et al. investigaram o projeto de alguns conjuntos de antenas para ligações de micro-ondas. Os principais parâmetros de desempenho utilizados são o ganho e os padrões de radiação. Os conjuntos de antenas são projectados para excitações uniformes, binomiais e Dolph-Tschebyscheff. Os resultados teóricos e de simulação são apresentados com o software HFSS [11].

Jose Luis Ramos Q. et al. descreve as caraterísticas de um software desenvolvido em MATLAB Scripts para obter os padrões de radiação de matrizes de antenas lineares utilizando dipolos como elementos. O software utilizado no estudo oferece várias outras opções para a análise e projeto de matrizes com fase progressiva, matrizes com excitação de amplitude não uniforme e matrizes com separação não uniforme. Existem alguns atributos especiais do software como a simulação através do cálculo direto dos campos, a análise de sensibilidade e o comportamento face a alterações de frequência, bem como a utilização da distribuição de corrente no dipolo calculada pelo método dos momentos [12].

Boufeldja Kadri et al. apresentam um novo método para a síntese de matrizes de antenas planas utilizando algoritmos genéticos difusos (FGAs), optimizando os coeficientes de excitação de fase para obter o padrão de radiação desejado. Os algoritmos de otimização utilizados são previamente verificados em funções de teste matemáticas específicas e mostram as suas capacidades superiores em relação à versão padrão (SGAs). É considerada uma matriz plana com células rectangulares que utiliza uma sonda de alimentação [13].

Gerd Sommerkorn et al. debruçam-se sobre a utilização de conjuntos de antenas rectangulares uniformes para o processamento espacial de sinais em radiocomunicações móveis. A estrutura regular do conjunto de antenas, juntamente com as respostas uniformes de todos os seus elementos, permite a aplicação do algoritmo ESPRIT unitário 2-D para a estimativa da direção de chegada em super-resolução. Para estudar estes efeitos, foi construído um conjunto de antenas com 8 por 8 elementos e um acoplamento mínimo de elementos, que foi utilizado para a sondagem de canais de rádio vectoriais de banda larga a 5,2 GHz [14].

Frode Bohagen et al. apresentam a conceção óptima de matrizes rectangulares uniformes (URAs) utilizadas em comunicações de entrada múltipla e saída múltipla, em que existe uma forte componente de linha de vista (LOS). É introduzido um modelo geométrico geral para modelar a componente LOS, que permite qualquer orientação das matrizes de transmissão e receção, e incorpora a matriz linear uniforme como um caso especial da URA. É utilizado um modelo de propagação de ondas esféricas. Com base neste modelo, são derivadas as equações de conceção de uma matriz óptima no que respeita à informação mútua [15]. Rui Wang et al. apresentam um esquema numérico preciso e eficiente para simular um conjunto de antenas complexas com uma rede de alimentação distribuída utilizando o método dos elementos finitos no domínio do tempo. O esquema numérico proposto simplifica significativamente a simulação de um sistema de antenas que inclui tanto antenas como uma rede de alimentação e permite utilizar plenamente o poder da técnica de simulação topo de gama para lidar com antenas grandes e complexas. São apresentados dois exemplos para demonstrar a exatidão e a eficiência do método [17].

Stephen Jon Blank e Michael F. Hutt apresentam um algoritmo para a otimização do desempenho de um conjunto de antenas em condições realistas, tendo em conta os efeitos do acoplamento mútuo e da dispersão entre os elementos do conjunto e o ambiente circundante. Neste caso, o algoritmo pode sintetizar o espaçamento ótimo dos elementos e as excitações óptimas dos elementos. O algoritmo é igualmente aplicável a matrizes de vários tipos de elementos com configurações arbitrárias, incluindo matrizes em fase, matrizes conformes e matrizes com espaçamento não uniforme. O método também fornece dados para uma aproximação linear do acoplamento em função das localizações (não uniformes) dos elementos e para o cálculo das impedâncias de varrimento dos elementos. São apresentados resultados computacionais e experimentais que demonstram a rápida convergência e a eficácia da otimização empírica na obtenção de uma otimização realista do desempenho de agregados de antenas [18].

Gurdeep Mohal et al. propõe os padrões do conjunto de antenas que podem ser analisados e sintetizados de várias formas e estes padrões são muito importantes em quase todos os campos de aplicações de antenas. Foi verificado através dos resultados da simulação, utilizando a otimização convexa, que os lóbulos laterais e os lóbulos principais e a largura do feixe dos lóbulos laterais podem agora ser optimizados com precisão e visíveis nos gráficos [19].

Dinh Thang Vu et al. consideram a localização de fontes passivas utilizando um conjunto de antenas. O desempenho da estimativa (com elevação e azimute) está relacionado com o tipo de estimador utilizado e também com a geometria do conjunto de antenas considerado. Apesar de existirem vários resultados disponíveis na literatura sobre sistemas lineares e circulares, outras geometrias possíveis têm sido menos estudadas. Neste estudo, é estudado o impacto da geometria do conjunto para dois tipos de conjuntos de antenas: o conjunto de antenas em forma de V (2D) e a sua extensão 3D [20].

Min Joon Lee et al. apresentam a directividade, incluindo factores de mudança de fase, para vários tipos de matrizes planas uniformemente excitadas. São considerados quatro tipos de matrizes de dipolos, incluindo dipolos curtos colineares e dipolos curtos paralelos. Descrevem-se também matrizes de dipolos curtos transversais e de disparo final. São apresentadas as curvas de directividade em função do espaçamento entre elementos e do ângulo de varrimento para matrizes palanares com estes padrões de potência de elementos [21].

Antonio De maio et al. trata do problema de estimar a direção de um sinal, embebido numa perturbação Gaussiana, sob uma restrição geral de desigualdade quadrática, representando a região de incerteza da direção. Recorremos ao critério da máxima verosimilhança (ML) e centramo-nos em dois cenários. O primeiro supõe que a amplitude complexa da componente do sinal útil flutua de instantâneo para instantâneo. O segundo supõe que o sinal útil mantém uma amplitude constante em todos os instantâneos. O critério ML conduz, em ambos os casos, a um problema quadrático fracionário com restrições quadráticas (QCQP). A qualidade do estimador derivado através de uma comparação entre o seu desempenho e o limite inferior de Cramer Rao (CRB) também é avaliada. As duas aplicações do quadro teórico proposto no contexto da deteção de radares são apresentadas [22].

P. Rocca et al. introduzem a otimização da directividade de padrões diferenciais em antenas planares monopulso. Uma vez que as excitações que proporcionam a máxima directividade das antenas planares podem ser calculadas analiticamente e devido à natureza de correspondência de excitação do CPM, o problema em questão é reformulado como a síntese da solução de compromisso de diferença mais próxima possível do padrão de referência com a máxima directividade [23].

# CAPÍTULO 3

# MATRIZES DE ANTENAS

## 3.1 Introdução

Este capítulo inclui a introdução de vários tipos de agregados de antenas. O conjunto de antenas é o método de aumentar as dimensões da antena sem aumentar o tamanho de cada elemento individual. O conjunto de antenas lineares é um sistema de elementos igualmente espaçados. O campo irradiado por qualquer pequeno conjunto de antenas lineares é distribuído de forma não uniforme no plano perpendicular ao eixo da antena. Um conjunto de antenas é um sistema de antenas semelhantes orientadas de forma semelhante para obter a maior directividade na direção desejada. Neste capítulo, são abordados os vários tipos de conjuntos de antenas, como os conjuntos uniformes de antenas de lado largo e os conjuntos de antenas de disparo final. São também descritas antenas não uniformes, como as matrizes de antenas Binomial e Dolph-Tchebyscheff. As matrizes de antenas rectangulares são aquelas em que vários tipos de matrizes de antenas lineares de lado largo são dispostos uns sobre os outros. No final do capítulo, são abordados os conjuntos de antenas rectangulares. A directividade dos conjuntos lineares e rectangulares é também apresentada.

## 3.2 Introdução aos conjuntos de antenas

Como já estudámos, a antena é um dispositivo capaz de receber ou transmitir energia electromagnética. Em muitas aplicações, é necessário conceber antenas com um ganho muito elevado para satisfazer as exigências da comunicação a longa distância. Isso pode ser feito aumentando o tamanho da antena. O aumento das dimensões de uma antena única conduz frequentemente a caraterísticas mais diretivas. Normalmente, uma antena de elemento único não é suficiente para satisfazer as necessidades técnicas devido ao seu desempenho limitado. O elemento único pode ser tão simples como uma antena dipolo ou de laço ou tão complexo como uma antena reflectora parabólica. Os elementos de uma matriz são sempre idênticos [1]. Por razões de simplicidade, implementação e fabrico, os elementos são escolhidos de forma a serem idênticos e paralelos. Assim, o conjunto de antenas é um dos métodos mais comuns de combinar as radiações de um grupo ou conjunto de antenas semelhantes em que o fenómeno de interferência de ondas está envolvido [5]. O campo total produzido por um conjunto de antenas a uma grande distância é a soma vetorial do campo produzido por cada uma das antenas do sistema de conjunto. A fase depende do espaçamento relativo entre os elementos [2]. Com a ajuda de uma antena de elemento único, é difícil obter feixes estreitos, SLL baixas, directividade elevada, eficiência elevada e restrições nulas, mas espera-se que um "conjunto de antenas" atinja os desempenhos acima desejados. Assim, o conjunto de antenas permite também que o sistema de antenas seja orientado eletronicamente para a receção ou transmissão de informações principalmente a partir de uma determinada direção, sem deslocar mecanicamente a estrutura. Os conjuntos de antenas encontram aplicações nas comunicações móveis como antenas inteligentes. Estas antenas, constituídas por 4 a 12 elementos radiantes, são designadas, nas comunicações móveis, por antenas sectoriais ou direcionais. Um conjunto de antenas é uma configuração de elementos radiantes individuais dispostos no espaço e que podem ser utilizados para produzir um padrão de radiação direcional. Um conjunto de elementos discretos, que constituem um conjunto de antenas, oferece a solução para a transmissão e/ou receção de energia electromagnética. São possíveis vários tipos de arranjos. Alguns deles são abordados neste capítulo. O primeiro conjunto de antenas funcionava na gama dos KHz. Atualmente, os conjuntos de antenas podem funcionar em praticamente qualquer frequência. Este desenvolvimento foi significativo nas comunicações sem fios, uma vez que melhorou os padrões de receção e transmissão das antenas utilizadas nestes sistemas. A geometria e o tipo de elementos caracterizam um conjunto de antenas.

### 3.2.1 Vantagens dos conjuntos de antenas:

1. Podem fornecer a capacidade de um feixe orientável (mudança de direção da radiação) como nas antenas inteligentes.
2. Podem proporcionar um ganho elevado (ganho de matriz) utilizando elementos de antena simples.
3. Proporcionam um ganho de diversidade na receção de sinais multipercurso.
4. Permitem o processamento de sinais de matriz.

## 3.3 Tipos de matrizes de antenas

Os conjuntos de antenas dividem-se em dois tipos principais:

1. Conjunto de antenas unidimensionais
2. Conjunto de antenas bidimensionais
3. Conjunto de antenas tridimensionais

Os agregados de antenas unidimensionais incluem agregados de antenas lineares (uniformes e não uniformes). Os agregados de antenas bidimensionais incluem agregados rectangulares e circulares e os agregados tridimensionais incluem agregados cúbicos e esféricos.

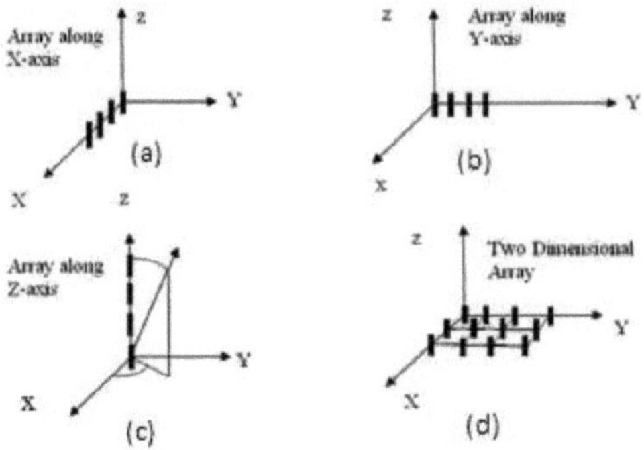


Figura3.1. Várias Configurações de Conjuntos de Antenas [7]

A Figura 3.1 mostra alguns exemplos de matrizes unidimensionais e bidimensionais constituídas por antenas lineares idênticas. A figura mostra a matriz unidimensional ao longo dos eixos x, y e z e a matriz bidimensional de antenas rectangulares [7].

### 3.3.1 Conjunto de antenas lineares

Um conjunto de antenas colocadas numa linha reta e devidamente excitadas a partir de uma fonte é conhecido como um conjunto linear de antenas [3]. Os conjuntos lineares de antenas permitem a geração de padrões de radiação que não podem ser obtidos com antenas simples [9]. Uma matriz linear de elementos discretos é uma antena constituída por vários elementos individuais e distinguíveis cujos centros estão finitamente separados e caem numa linha reta.

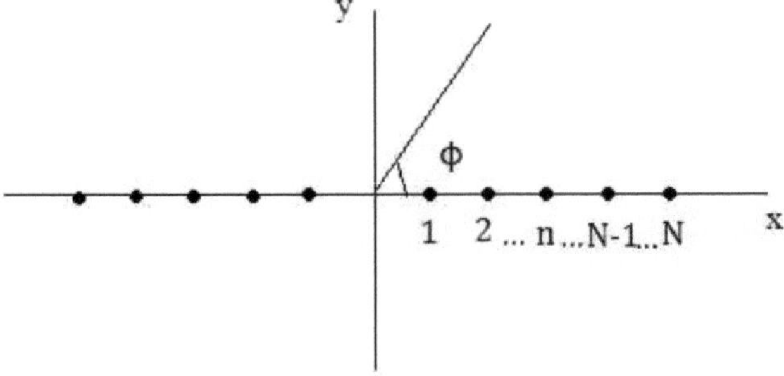


Figura 3.2. Matriz linear simetricamente colocada [2]

Para um conjunto de antenas lineares, os elementos são dispostos simetricamente ao longo do eixo x, como mostra a figura 3.2. O conjunto de antenas lineares é um sistema de elementos igualmente espaçados. Este conjunto é um tipo de conjunto de antenas frequentemente utilizado para produzir diferentes feixes no plano horizontal para comunicações móveis celulares [2]. O conjunto de antenas lineares permite reduzir as dimensões da antena praticamente para duas dimensões. Num conjunto de antenas, o número de elementos, o espaçamento entre eles, os seus coeficientes de excitação e as suas fases relativas são parâmetros que podem ser ajustados não só para aumentar o ganho da antena, mas também para estreitar o feixe (ou seja, diminuir a largura do feixe), orientar o feixe numa determinada direção e/ou controlar o nível dos lóbulos laterais (ajustando os coeficientes de excitação do conjunto de antenas, por exemplo, utilizando o método Dolph-Chebyshev). Estes factores determinam o fator do conjunto que é utilizado no cálculo da directividade do conjunto e, consequentemente, do ganho do conjunto de antenas. O campo total de um conjunto pode ser calculado multiplicando o campo de um único elemento num ponto de referência selecionado (normalmente a origem) e o fator do conjunto [3]. O conjunto de antenas lineares desempenha um papel muito importante nos actuais sistemas de comunicação. O conjunto de antenas lineares tem um espaçamento uniforme e uniforme, que é analisado na secção seguinte.

#### 3.3.1.1 Tipos de conjuntos de antenas lineares

Os conjuntos de antenas lineares são classificados nos dois tipos seguintes com base na excitação da corrente através dos elementos dos conjuntos de antenas:

1. Conjuntos de antenas lineares uniformes
2. Conjuntos de antenas lineares não uniformes

Os conjuntos de antenas amplamente utilizados são os conjuntos lineares uniformes, em que os elementos radiantes são colocados numa linha com igual espaçamento e excitação, para além dos conjuntos circulares uniformes, em que os elementos radiantes são uniformemente distribuídos num círculo com excitações iguais. Para uma matriz linear uniforme, os elementos são alimentados com uma corrente de igual magnitude com mudança de fase progressiva uniforme ao longo da linha. Os exemplos de um conjunto de antenas lineares uniformes incluem os conjuntos de antenas Broadside e End-Fire [5]. Os conjuntos de antenas lineares uniformemente excitados e igualmente espaçados têm uma elevada directividade, mas sofrem normalmente de um elevado nível de lóbulos laterais. Assim, no caso dos conjuntos de antenas não uniformes, os elementos são alimentados com correntes de magnitude desigual. A magnitude das correntes pode ser calculada com a ajuda de um polinómio. Os exemplos de conjuntos de antenas não uniformes incluem os conjuntos de antenas Binomial e Dolph-Chebyshev. Vamos então discutir todos eles em pormenor. Nos últimos anos, a matriz com espaçamento desigual, também designada por matriz aperiódica, tem atraído cada vez mais atenção. Comparado com o conjunto igualmente espaçado, o conjunto desigualmente espaçado tem mais graus de liberdade e é capaz de reduzir o nível de pico dos lóbulos laterais com um número menor de elementos [10].

###### 3.3.1.1.1 Conjuntos de antenas Broadside

Os conjuntos de antenas Broadside são um dos mais importantes conjuntos de antenas utilizados na prática. Os conjuntos de antenas Broadside são aqueles em que um certo número de antenas paralelas idênticas são instaladas ao longo de uma linha perpendicular aos respectivos eixos. No conjunto de antenas Broadside, as antenas individuais (ou elementos) estão igualmente espaçadas ao longo de uma linha e cada elemento é alimentado com corrente de igual magnitude, todas na mesma fase. Deste modo, esta disposição dispara nas direcções laterais (ou seja, perpendicularmente à linha do eixo do conjunto), onde há radiações máximas e relativamente poucas radiações noutras direcções, pelo que o padrão de radiação do conjunto de antenas laterais é bidirecional [5]. O conjunto de antenas broadside é bidirecional, irradiando igualmente bem em qualquer direção de radiação máxima. Quando $\alpha$= 0°, todos os elementos estão em fase e os máximos do padrão ocorrem nos pontos $\phi$= 0° e $\phi$ = 180°, ou seja, nas direcções perpendiculares à linha do conjunto. Esta configuração é designada por matriz de lado largo.

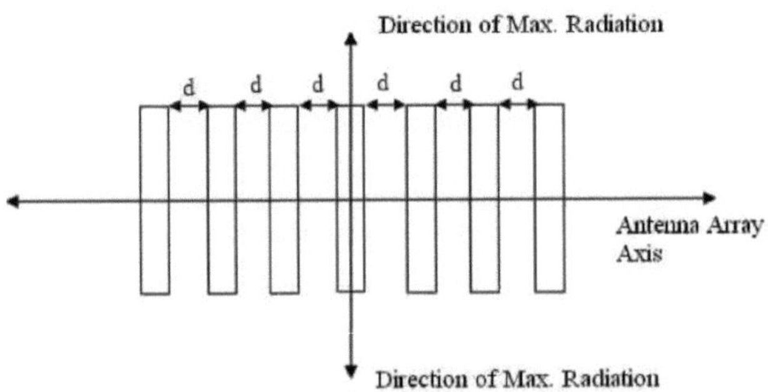


Figura 3.3: Disposição do feixe de cabos de ligação [5]

A disposição dos elementos com espaçamento d para matrizes de antenas Broadside é mostrada na fig. 3.3. O padrão é máximo nessas direções, independentemente do espaçamento do elemento, d. Esses serão os únicos máximos primários se d $<\lambda$. Se d $=\lambda$, máximos adicionais ocorrem em $\phi$ = 90 ° e $\phi$ = 270 °. À medida que d é aumentado ainda mais, máximos adicionais ocorrem como cones de radiação em torno do eixo da matriz. São conhecidos como lóbulos de grelha, análogos aos lóbulos observados no estudo ótico de uma grelha de difração ou de reflexão. A directividade aumenta gradualmente à medida que o espaçamento é aumentado até ser atingido o valor ótimo, caindo depois de forma bastante acentuada com um aumento adicional. Os conjuntos de antenas Broadside são semelhantes aos conjuntos de antenas de fogo final; a única diferença é no caso da fase. Os elementos individuais são alimentados fora de fase (geralmente 180°). Assim, no fogo final, um número de antenas idênticas são espaçadas igualmente ao longo da linha de modo a tornar todo o arranjo substancialmente unidirecional e as correntes de amplitude uniforme devem passar através dos elementos dos conjuntos de antenas.

### 3.3.1.1.2 Matriz de antena binomial

Tal como estudado anteriormente, a discussão limitou-se às matrizes de antenas lineares de n fontes isotrópicas de amplitudes iguais, mas também são possíveis matrizes de amplitudes não uniformes e a matriz de antenas binomiais é uma delas. John Stone, em 1929, descobriu o conjunto de antenas binomiais, que é o tipo de conjunto não uniforme. São considerados como agregados não uniformemente excitados e igualmente espaçados. O conjunto de antenas binomiais é um conjunto em que as amplitudes dos elementos da antena no conjunto estão dispostas de acordo com os coeficientes da série binomial. Assim, as amplitudes das fontes radiantes estão dispostas da seguinte forma, de acordo com os termos sucessivos da série binomial:

$$(x+a)^n = \sum_{k=0}^{n} \binom{n}{k} x^k a^{n-k} \quad \ldots (3.1)$$

$$(x+a)^n = a^{n-1} + \frac{n-1}{1!} a^{n-2} x + \frac{(n-1)(n-2)}{2!} a^{n-3} x^2 + \cdots \quad \ldots (3.2)$$

Daí o nome Binomial. Num conjunto de antenas lineares uniformes, à medida que o comprimento do conjunto é aumentado para aumentar a directividade, surgem também os lóbulos secundários ou lóbulos menores. Para determinadas aplicações, é altamente desejável que os lóbulos secundários sejam completamente eliminados ou reduzidos ao nível mínimo desejável em comparação com os lóbulos principais. Este trabalho pode ser efectuado dispondo as matrizes de modo a que as fontes radiantes no centro da matriz lateral irradiem mais fortemente do que as fontes radiantes nas extremidades. Os lóbulos secundários podem ser totalmente eliminados se forem satisfeitas as duas condições seguintes [5]: o espaçamento entre as duas fontes radiantes consecutivas não excede $\lambda/2$ e as amplitudes de corrente nas fontes radiantes são proporcionais aos coeficientes dos termos sucessivos da série binomial. Assim, como as matrizes binomiais são o caso de matrizes não uniformes, há variação na amplitude da excitação dos elementos que é discutida na próxima secção que discute o método de cálculo da excitação de corrente entre os elementos.

#### 3.3.1.1.2.1Método de cálculo da amplitude relativa da corrente no conjunto de antenas binomiais

Os coeficientes correspondem às amplitudes das fontes para matrizes de antenas binomiais, colocando n=1, 2,3,4,5,6,7,8,9,10 ... na equação acima. Mas este parece ser um método complexo para calcular o valor. Por isso, o método mais simples é o triângulo de Pascal. Os coeficientes de excitação para a matriz binomial são dados pelo triângulo de Pascal em que cada número inteiro interno (deixando os números inteiros laterais) é a soma dos números inteiros adjacentes acima. As amplitudes relativas são obtidas por este método para 1 a 10 elementos de fonte radiante.

Tabela 3.1 Triângulo de Pascal [11]

| No. of Sources | Current Elements | | | | | | | | | | | | | | | | | | |
|---|---|---|---|---|---|---|---|---|---|---|---|---|---|---|---|---|---|---|---|
| 1. | | | | | | | | | | 1 | | | | | | | | | |
| 2. | | | | | | | | | 1 | | 1 | | | | | | | | |
| 3. | | | | | | | | 1 | | 2 | | 1 | | | | | | | |
| 4. | | | | | | | 1 | | 3 | | 3 | | 1 | | | | | | |
| 5. | | | | | | 1 | | 4 | | 6 | | 4 | | 1 | | | | | |
| 6. | | | | | 1 | | 5 | | 10 | | 10 | | 5 | | 1 | | | | |
| 7. | | | | 1 | | 6 | | 15 | | 20 | | 15 | | 6 | | 1 | | | |
| 8. | | | 1 | | 7 | | 21 | | 35 | | 35 | | 21 | | | | 1 | | |
| 9. | | 1 | | 8 | | 28 | | 56 | | 70 | | 56 | | 28 | | 8 | | 1 | |
| 10. | 1 | | 9 | | 36 | | 84 | | 126 | | 126 | | 84 | | 36 | | 9 | | 1 |

A tabela 3.1 mostra que a amplitude da corrente para 3 elementos pode ser obtida colocando primeiro dois 1s e, em seguida, a soma dos dois números inteiros internos (ou seja, 1+1=2) obtidos a partir de 2 elementos é colocada entre estes dois 1s. Também para o conjunto de antenas binomiais de 4 elementos, deixam-se dois 1s de lado, tal como no caso de 3 elementos, e os números inteiros internos são obtidos somando os coeficientes no caso de 3 elementos (ou seja, 1+2=3). É de notar que a eliminação dos lóbulos secundários se faz à custa da directividade. A matriz binomial tem a propriedade especial de o fator de matriz não apresentar lóbulos laterais para um espaçamento entre elementos igual ou inferior a λ/2. Os lóbulos laterais são introduzidos para espaçamentos entre elementos superiores a λ/2. Uma vez que a eliminação dos lóbulos menores no conjunto binomial se faz à custa de uma diminuição da directividade em comparação com o mesmo conjunto (de fontes de igual amplitude), na prática, os conjuntos de tamanho uniforme são geralmente concebidos como um compromisso entre o uniforme e o binomial. No caso dos conjuntos de antenas binomiais, à medida que a largura do feixe de meia potência aumenta, a directividade diminui.

### 3.3.1.1.3 Conjunto de antenas Dolph-Chebyshev

Na conceção de matrizes de antenas lineares em fase de amplitudes não uniformes, C.L. Dolph utilizou os polinómios de Tchebyshev e denominou-as matrizes de antenas Dolph-Tchebysheff. Assim, no conjunto de antenas Dolph-Tchebysheff, estes polinómios são utilizados para encontrar a corrente não uniforme que passa através dos elementos do conjunto de antenas. Um problema fundamental de conceção de um conjunto de antenas é o padrão de feixe de lápis, para o qual é necessário o feixe principal mais estreito possível com um nível máximo de lóbulo lateral. Estas caraterísticas de um sistema de antena estão tão relacionadas que uma tentativa de melhorar as primeiras produz as segundas. C.L. Dolph propôs que, para matrizes lineares de lóbulos largos em fase, é possível minimizar a largura do feixe do lóbulo principal para um nível de lóbulo lateral especificado e vice-versa, ou seja, se a largura do feixe entre os primeiros nulos for especificada, então o nível do lóbulo lateral é minimizado [5]. Quando a posição, a amplitude e a fase de cada elemento de uma matriz tiverem sido determinadas, é útil conhecer o efeito que cada um destes parâmetros tem no padrão de radiação [12]. Assim, para um nível de lóbulo lateral especificado, a largura de feixe mais estreita é obtida por esta distribuição e, por conseguinte, é considerada óptima. Para um padrão ótimo, todos os lobos laterais devem ter o mesmo nível; os lobos laterais inferiores aumentam ligeiramente e reduzem os lobos laterais maiores, o que, por sua vez, diminui o nível máximo global dos lobos laterais.

#### 3.3.1.1.3.1 Método de cálculo da amplitude relativa da corrente num conjunto de antenas Dolph-Tchebyscheff

Matematicamente, a amplitude da corrente para o conjunto de antenas Dolph-Tchebyscheff pode ser calculada pelos polinómios de Chebyshev, que são definidos pela seguinte equação

$$T_n(x) = \cos[n \cos^{-1} x] \quad \ldots (3.3)$$

Com a ajuda da equação anterior (3.3), torna-se difícil calcular o valor exato da corrente. Assim, os valores simplificados sob a forma de polinómios são utilizados para esse fim. Os primeiros polinómios de Chebyshev são:

$$T_0(x) = 1 \quad \ldots (3.4)$$

$$T_1(x) = x \quad \ldots (3.5)$$

$$T_2(x) = 2x^2 - 1 \quad \ldots (3.6)$$

$$T_3(x) = 4x^3 - 3x \quad \ldots (3.7)$$

$$T_4(x) = 8x^4 - 8x^2 + 1 \quad \ldots (3.8)$$

A distribuição da amplitude da corrente Dolph-Tchebyshev é óptima desde que $d < \Lambda/2$. Os coeficientes destes polinómios são utilizados para o cálculo da amplitude de excitação das correntes.

Como nas equações (3.4) e (3.5), a excitação da corrente é 1 em ambos os casos. Na equação (3.6), a excitação de corrente dos elementos é 1, 2. Do mesmo modo, para um maior número de elementos, a amplitude da corrente é calculada com os coeficientes destas equações.

### 3.3.1. 2Directividade de agregados de antenas lineares

A directividade dos conjuntos de antenas lineares pode ser considerada como uma figura de mérito para o funcionamento de um conjunto de antenas. A directividade de um conjunto de antenas dependerá do seu fator de matriz. Assim, simplificando o valor do fator de matriz em determinadas condições, obtém-se o valor simplificado da directividade, que é aqui utilizado. O valor da directividade dos conjuntos de antenas lineares pode ser dado pela seguinte equação

$$D_0 = 2N(\frac{d}{\lambda}) \qquad \ldots (3.9)$$

Em seguida, substituindo o comprimento da matriz L= (N-1).d na equação acima, obtém-se [5]

$$D_0 = 2\left(1 + \frac{L}{d}\right).(\frac{d}{\lambda}) \qquad \ldots (3.10)$$

Na equação acima, $D_o$ é a directividade, L é o comprimento do conjunto de antenas, d é a distância entre os elementos do conjunto de antenas lineares e A é o comprimento de onda do conjunto a utilizar. Assim, o presente trabalho baseia-se na comparação de ambos os conjuntos, calculando a sua directividade.

### 3.3.2 Feixe de antenas rectangulares

Os conjuntos de antenas rectangulares são muito mais versáteis do que os conjuntos lineares [12], uma vez que dispõem de um maior número de parâmetros de controlo, permitindo a obtenção de padrões mais simétricos com lobos laterais mais pequenos e facilitando o movimento do feixe principal para qualquer ponto no espaço. Os conjuntos de antenas rectangulares são componentes fundamentais dos sistemas de radar e de comunicações sem fios [13]. O seu desempenho influencia fortemente a eficiência global do sistema e são necessários métodos de conceção adequados. As matrizes lineares uniformes (ULA) são utilizadas para resolver o ângulo azimutal das ondas incidentes, enquanto as matrizes rectangulares uniformes (URA) permitem adicionalmente resolver a elevação [14]. A matriz linear uniforme é considerada como um caso especial da URA. Nos conjuntos de antenas rectangulares, os elementos estão dispostos num padrão retangular, ou seja, os conjuntos de fontes ocupam uma área plana de forma retangular. Os conjuntos de antenas rectangulares podem ser de radiador isotrópico ou uma folha de corrente contínua [15].

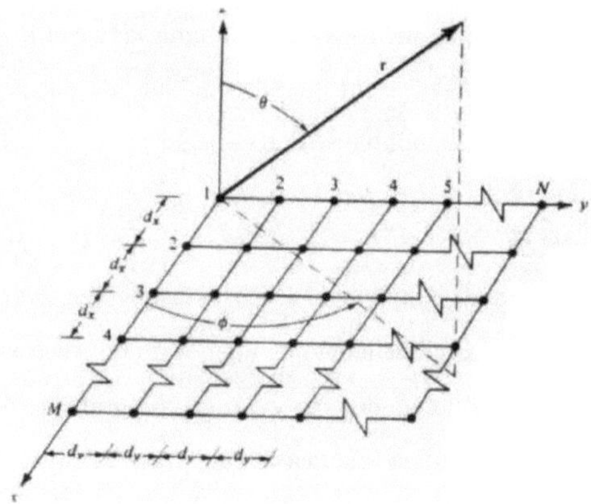

Figura 3.4: Disposição da matriz retangular [2]

Na figura 3.4 acima apresentada, contém o elemento da linha $M^{th}$ e a coluna $1^{st}$ da matriz. Se N matrizes deste tipo forem colocadas a intervalos regulares ao longo da direção y, forma-se uma matriz retangular. Por outras palavras, a matriz plana em questão pode ser estruturada por uma matriz linear de M elementos colocados, por exemplo, ao longo do eixo X, e depois repetir N dessas matrizes ao longo do eixo Y. Assume-se que estão equi-espaçados a uma distância $d_y$ e que existe uma mudança de fase progressiva $\beta_y$ ao longo de cada fila. Uma matriz plana é capaz de direcionar o feixe em duas dimensões. Num sistema de coordenadas esféricas, as duas coordenadas $\theta$ e $\phi$ definem pontos na superfície de um hemisfério unitário. $\theta$ é o ângulo de varrimento medido a partir do lado largo e $\phi$ é o plano de varrimento medido a partir do eixo x. Assim, se vários tipos de conjuntos de antenas lineares de lado largo forem dispostos uns sobre os outros, formam-se os conjuntos rectangulares [5]. Os conjuntos de antenas rectangulares fornecem feixes direcionais, padrões simétricos com lóbulos laterais reduzidos, directividade muito mais elevada (feixe principal estreito) do que a do seu elemento individual. Os conjuntos de antenas planas periódicas de placas condutoras têm muitas aplicações, devido às suas propriedades variáveis de reflexão e transmissão em função da frequência. As caraterísticas como padrões mais simétricos com lóbulos laterais mais pequenos e a facilitação do movimento do feixe principal fazem com que os arranjos sejam planos, ideais para aplicações como o radar, antenas inteligentes aplicadas às comunicações modernas, radioastronomia, telemetria, deteção remota, etc. [9].

### 3.3.2.1 Directividade da matriz de antenas planas rectangulares

No projeto de um conjunto de antenas rectangulares, o principal objetivo é obter uma directividade específica. Assim, o cálculo da directividade para um espaçamento variável é uma tarefa útil. A expressão geral mais precisa para o cálculo da directividade de um grande conjunto de antenas rectangulares de dimensão l X h de distribuição uniforme da amplitude é dada a seguir:

$$D_0 = \frac{4\pi hl}{\lambda^2} \simeq \frac{12.56hl}{\lambda^2} \qquad \ldots (3.11)$$

Assim, esta é a expressão para a directividade de um grande conjunto de antenas rectangulares com uma distribuição uniforme da amplitude, irradiando unidireccionalmente, em que Área de Abertura = hl, l é a dimensão ao longo do eixo x e h é a dimensão ao longo do eixo y e λ é o comprimento de onda de um conjunto de antenas [5]. Como a expressão simplificada para a directividade calculada a partir do fator de matriz não pode dar o valor desejado devido à integração numérica do padrão, que pode ser muito demorada para grandes matrizes. Assim, são utilizados softwares para calcular o valor pretendido de acordo com os requisitos.

# CAPÍTULO 4

# SIMULAÇÕES E RESULTADOS

## 4.1 Introdução

O conjunto de antenas envolve basicamente o cálculo das correntes complexas dos elementos individuais da antena e a seleção de um elemento de antena adequado. As excitações de corrente determinam em grande parte a nitidez do padrão de radiação resultante e os níveis dos lóbulos laterais são pequenos em comparação com o lóbulo principal. Depois de calcular as excitações de corrente, o padrão de radiação resultante também é visualizado. O MATLAB tem muitas funções incorporadas e ferramentas de visualização que podem ser utilizadas para encontrar o desenho da antena. Aqui, as caixas de ferramentas de processamento de sinal podem ajudar a projetar uma matriz e a visualizar o seu padrão de radiação [16]. A forte semelhança entre a teoria das antenas e a teoria do processamento de sinais pode ser utilizada desta forma. As caixas de ferramentas de processamento de sinais têm muitas funções incorporadas para a síntese de filtros que são úteis para a síntese de agregados. Num sistema de antena avançado, vários elementos de antena são geralmente dispostos numa determinada configuração de matriz, conduzidos através de uma rede de alimentação cuja principal função é distribuir o sinal de entrada do gerador de sinais para os elementos radiantes e combinar os sinais recebidos pelos elementos de antena [17].

## 4.2 Análise para matrizes de antenas lineares

Em geral, quatro parâmetros podem variar num conjunto de antenas lineares com um determinado tipo de elemento, nomeadamente, o número total de elementos, a distribuição espacial dos elementos, a função de excitação de amplitude e a função de excitação de fase. Do ponto de vista da análise, estes quatro parâmetros seriam especificados. Isto conduziu a muitas soluções elegantes de forma fechada, mas também conduziu muitas vezes a métodos de conceção limitados por condições restritivas, como a necessidade de regularidade na configuração do conjunto (ou seja, espaçamento uniforme dos elementos) e pressupostos irrealizáveis [18]. A partir delas, seriam determinadas as caraterísticas de radiação adequadas, como o padrão, a directividade, o ganho de potência e as impedâncias. A SLL e a largura do feixe da antena podem ser optimizadas em termos de outros parâmetros da antena [19]. Nesta secção, uma função integrada da caixa de ferramentas de processamento de sinais é utilizada na análise de antenas. As correntes nos elementos radiantes são dadas, calculando o padrão de radiação e traçando-o para visualização é uma das tarefas da análise de antenas. O fator de matriz de n fontes pontuais isotrópicas com diferentes excitações colocadas ao longo do eixo x no plano x-y é dado por [2]:

$$AF = E_0 + E_1 e^{j\Psi} + E_2 e^{2j\Psi} + \cdots + E_{n-1} e^{j(n-1)\Psi} \qquad \ldots (4.1)$$

Onde

$$\Psi = \beta d \cos\phi \qquad \ldots (4.2)$$

$E_n$ são as correntes complexas dos elementos, $\psi$ é o número de onda, d é o espaçamento entre elementos e $\beta$ é a variável angular. A resposta em frequência de um filtro FIR de n pontos é dada por

$$H(j\Psi) = h_0 + h_1 e^{-j\Psi} + h_2 e^{-2j\Psi} + \cdots + h_{n-1} e^{-j(n-1)\Psi} \qquad \ldots (4.3)$$

Em que $h_n$ é o coeficiente de resposta ao impulso do filtro FIR e $\omega$ é a frequência angular discreta. As equações (4.1) e (4.3) têm uma forma semelhante, com exceção do sinal menos na potência da exponencial complexa. Assim, a ferramenta que é utilizada para encontrar a resposta em frequência pode ser utilizada para encontrar a resposta da matriz em função da direção $\phi$. A função incorporada na caixa de ferramentas de processamento de sinal do MATLAB avalia a resposta em frequência dados os coeficientes de resposta ao impulso [16].

### 4.2.1Resultados para matrizes de antenas lineares

Neste caso, a expressão matemática deve ser retirada das equações gerais do fator de matriz e derivada no software MATLAB. Estas expressões são úteis para visualizar o padrão de radiação de um conjunto de antenas sob a forma de um gráfico polar. Com base neste gráfico polar, deve ser analisado o valor necessário para a directividade. Além disso, o valor para os lóbulos laterais também pode ser analisado. Os valores foram anotados para os três conjuntos de antenas, como o conjunto de antenas broadside, binomial e Dolph-Tchebhyscheff, e são comparados sob a forma de tabela. Além disso, para um conjunto com um maior número de lóbulos laterais, é considerado o valor do nível mais elevado de lóbulos laterais. Com a comparação, o conjunto que tiver o valor máximo de directividade e o valor mínimo de lóbulos laterais deve ser considerado o melhor. O padrão de radiação de todas as matrizes deve ser calculado numa escala de dB.

#### 4.2.1. 1Feixe de antenas na estrada

Os resultados simulados para a matriz linear de lado largo em termos de padrão de radiação utilizando o software MATLAB para os diferentes números de elementos são apresentados a seguir:

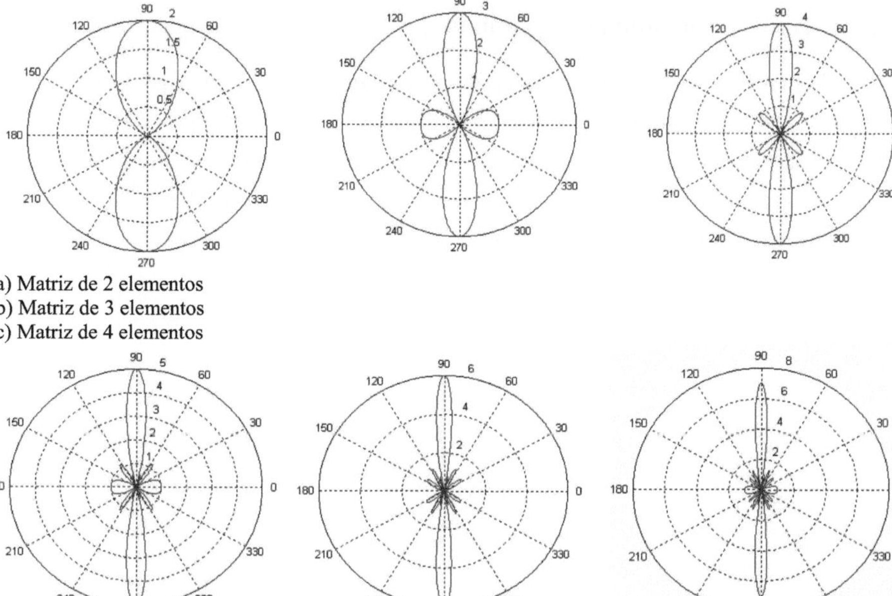

(a) Matriz de 2 elementos
(b) Matriz de 3 elementos
(c) Matriz de 4 elementos

(d) Matriz de 5 elementos
(e) Matriz de 6 elementos
(f) Matriz de 7 elementos

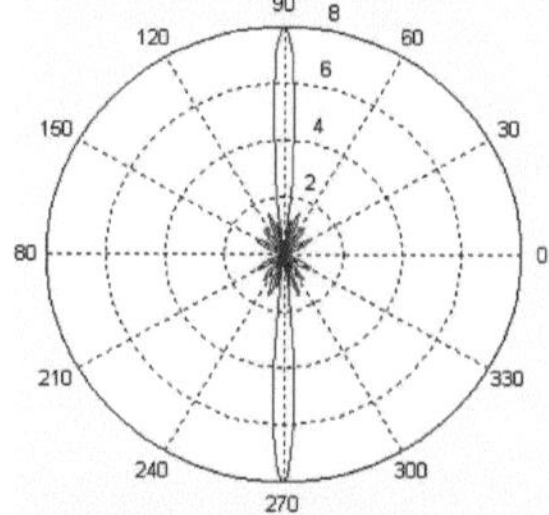

(g) Matriz de 8 elementos

Figura 4.1 Padrão de radiação para o conjunto de antenas Broadside para (a) 2 elementos, (b) 3 elementos, (c) 4 elementos, (d) 5 elementos, (e) 6 elementos, (f) 7 elementos, (g) 8 elementos

Observa-se que, para o conjunto de antenas lineares laterais de 2 elementos, a directividade é de 2 db e não existe qualquer nível de lóbulo lateral, como se mostra na fig.4.1 (a). Do mesmo modo, para o conjunto de antenas lineares de lado largo com 3, 4, 5, 6, 7 e 8 elementos, a directividade é de 3 db, 4db, 5db, 6 db, 7 db, 8db respetivamente e o nível dos lóbulos laterais é de 1 db, 1 db, 1 db, 1 db, 1,2 db, 1,4db respetivamente, como se mostra na fig. 4.1 (b) - fig. (g) respetivamente. Assim, a directividade das matrizes Broadside aumenta linearmente com o aumento do número de elementos. Mas o aumento do nível dos lóbulos laterais é menor.

### 4.2.1.2Feixe de antenas binomiais

O resultado para dois elementos dos conjuntos de antenas binomiais é o mesmo que para os conjuntos de antenas Broadside apresentados na secção anterior. A distribuição da corrente é idêntica à dos conjuntos de antenas laterais, pelo que a simulação também é idêntica à dos dois elementos. Os resultados para 3,4,5,6,7,8 elementos dos conjuntos de antenas binomiais em termos de padrão de radiação são apresentados a seguir:

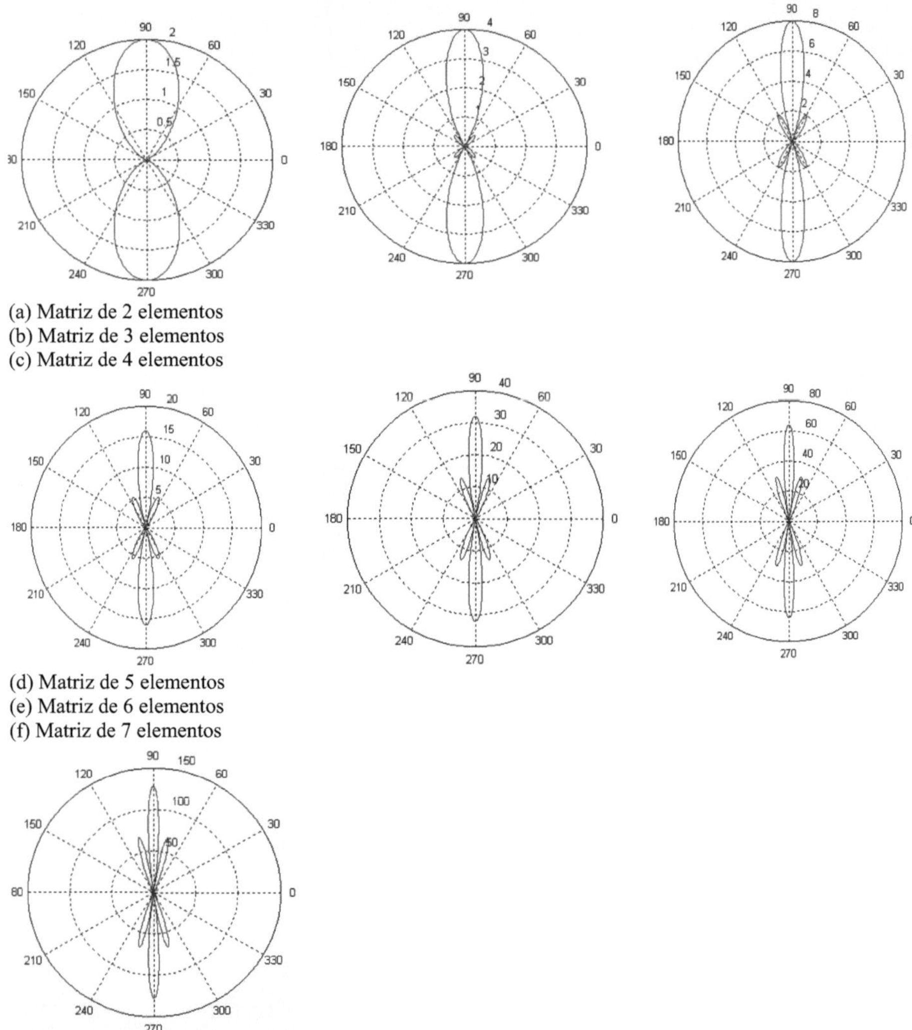

(a) Matriz de 2 elementos
(b) Matriz de 3 elementos
(c) Matriz de 4 elementos

(d) Matriz de 5 elementos
(e) Matriz de 6 elementos
(f) Matriz de 7 elementos

(g) Matriz de 8 elementos

Figura 4.2 Padrão de radiação do conjunto de antenas binomiais para (a) 2 elementos, (b) 3 elementos, (c) 4 elementos, (d) 5 elementos, (e) 6 elementos, (f) 7 elementos, (g) 8 elementos

Observa-se que, para o conjunto de antenas binomiais de 3,4,5,6,7,8 elementos, a directividade é de 4,8,16,32,64,130 db, respetivamente, e o nível do lóbulo lateral é de 0,6,2,6,14,30,70 db, respetivamente, como se mostra na fig. 4.2 (a), (b), (c), (d), (e), respetivamente. A directividade e o nível dos lóbulos laterais aumentam exponencialmente à medida que o número de elementos aumenta no caso dos conjuntos de antenas binomiais. Mas a quantidade de nível de lóbulo lateral é maior em comparação com os conjuntos de antenas Broadside.

### 4.2.1.3 Matriz Dolph-Tchebysheff:

O resultado simulado para as matrizes Dolph-Tchebyscheff para os diferentes números de elementos é apresentado de seguida:

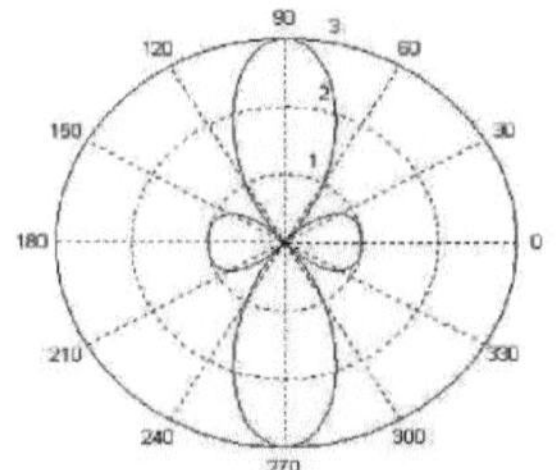


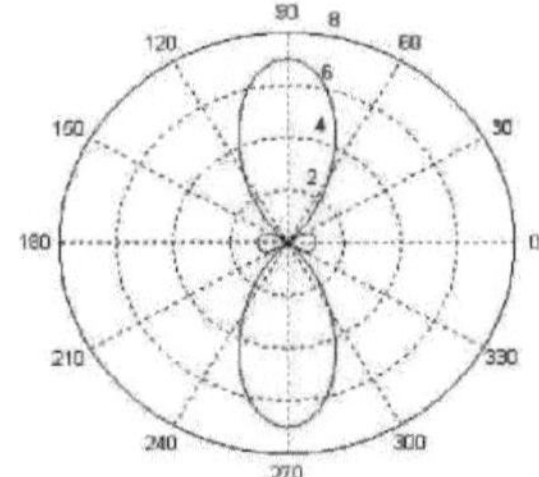


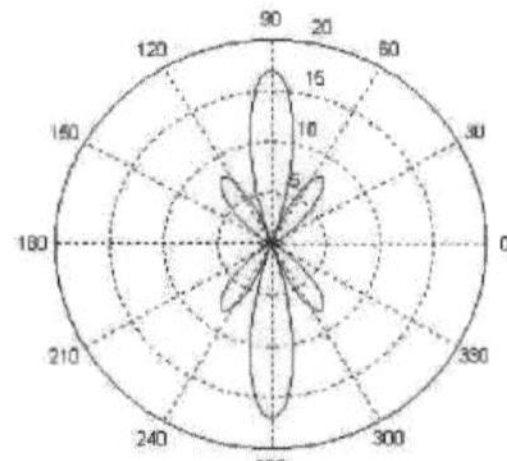


(a) Matriz de 2 elementos
(b) Matriz de 3 elementos
(c) Matriz de 4 elementos

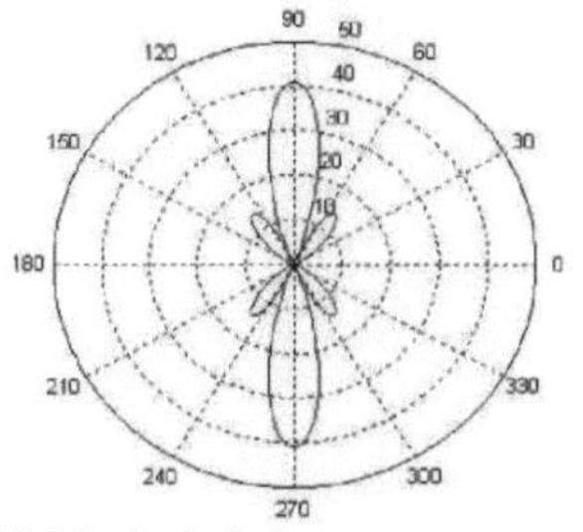


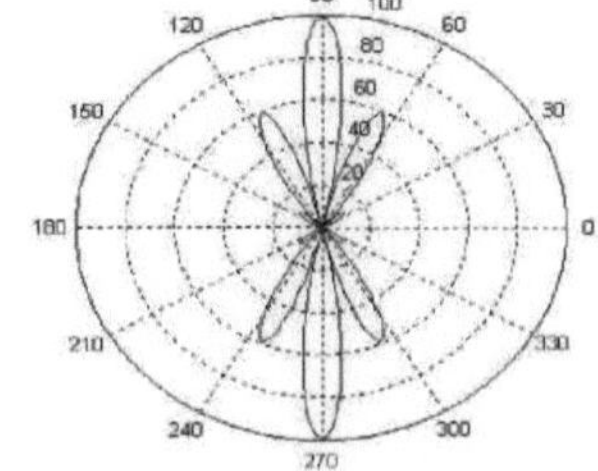


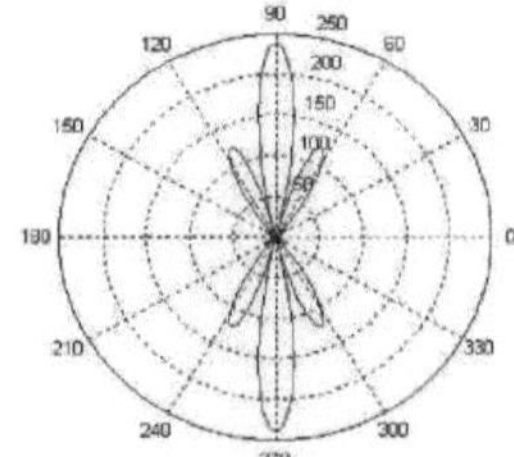


(d) Matriz de 5 elementos
(e) Matriz de 6 elementos
(f) Matriz de 7 elementos

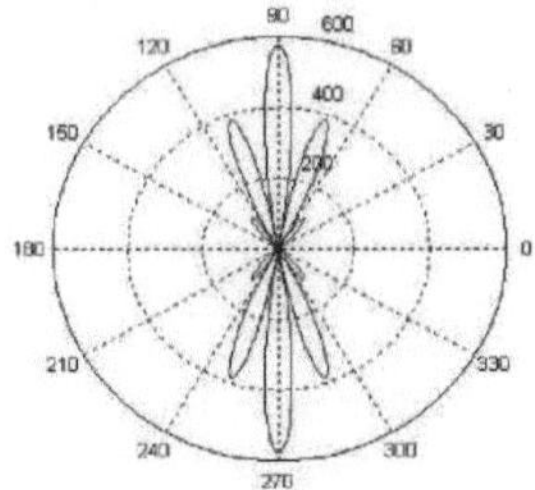


(g) Matriz de 8 elementos

Figura4.3 Padrão de radiação do conjunto de antenas Dolph-Tchebyscheff para (a) 2 elementos, (b) 3 elementos, (c) 4 elementos, (d) 5 elementos, (e) 6 elementos, (f) 7 elementos, (g) 8 elementos

Verifica-se que, para o conjunto de antenas Dolph-Tchebyscheff de 2, 3, 4, 5, 6, 7, 8 elementos, a directividade é de 3, 7, 18, 42, 100, 240, 580 db, respetivamente, e o nível do lóbulo lateral é de 1, 0,8, 8, 12, 60, 130, 380 db, respetivamente, como se mostra na fig. 4.3 (a), (b), (c), (d), (e), (f), respetivamente. O aumento da directividade é maior em todas as três matrizes. Mas o nível do lóbulo lateral também aumenta mais rapidamente em comparação com os outros dois, o que não é desejável.

### 4.2.2Avaliação dos resultados

Os resultados são avaliados através da comparação do valor da directividade e do nível do lóbulo lateral para todos os 8 elementos em forma de tabela. As tabelas apresentam a comparação entre as três matrizes para os vários valores de directividade obtidos com o aumento do número de elementos.

#### 4.2.2.1Comparação da directividade

O valor da directividade para os conjuntos de antenas broadside, binomial e Dolph-Tchebyshev, variando os elementos, é anotado a partir da simulação efectuada na secção (4.2.1), como indicado acima.

Tabela 4.1. Comparação da directividade para diferentes conjuntos de antenas

| **Number of Elements** | **Antenna array Type** | | |
|---|---|---|---|
| | **Broadside antenna array** | **Binomial antenna array** | **Dolph-Tchebyscheff antenna array** |
| **2** | 2 | 2 | 3 |
| **3** | 3 | 4 | 7 |
| **4** | 4 | 8 | 17 |
| **5** | 5 | 16 | 42 |
| **6** | 6 | 32 | 100 |
| 7 | 7 | 64 | 240 |
| **8** | 8 | 130 | 580 |

A Tabela 4.1 apresenta a comparação dos valores de directividade entre todos os conjuntos, variando o número de elementos. Observa-se que o conjunto de antenas Dolph-Tchebyscheff tem um valor de directividade mais elevado do que os outros dois para todos os 8 elementos. O conjunto de antenas binomiais tem um valor de directividade mais elevado para todos os elementos do que o conjunto de antenas Broadside.

### 1.1.2.2 Comparação para Sidelobe

O valor mais elevado do nível do lobo lateral é apresentado nesta secção. O valor do nível do lobo lateral é registado no caso do Broadside. As matrizes Binomial e Dolph-Tchebyshev calculam o valor de acordo com as simulações para todos os elementos.

Tabela 4.2. Comparação do nível do lobo lateral para diferentes conjuntos de antenas

| Number of Elements | Array Type | | |
|---|---|---|---|
| | **Broadside antenna array** | **Binomial antenna array** | **Dolph-Tchebyscheff antenna array** |
| **2** | 0 | 0 | 1 |
| **3** | 1 | 0.4 | 0.8 |
| **4** | 1 | 2 | 8 |
| **5** | 1.2 | 6 | 12 |
| **6** | 1 | 14 | 60 |
| **7** | 1.2 | 30 | 130 |
| **8** | 1.4 | 70 | 380 |

A Tabela 4.2 ilustra a comparação dos valores do nível do lobo lateral para os 8 elementos de todas as matrizes. Observa-se que a matriz Dolph-Tchebyscheff tem um nível de lobo lateral mais elevado do que as outras duas. Mas a matriz binomial tem maior directividade e menor nível de lóbulo lateral em comparação com as outras duas. Assim, a matriz binomial é considerada melhor do que as outras duas.

## 4.2.3Efeito do número de elementos na directividade e no nível do lóbulo lateral

O efeito do número de elementos na directividade e no nível do lóbulo lateral pode ser demonstrado traçando o gráfico para diferentes tipos de conjuntos de antenas.

### 4.2.3. 1Feixe de antenas na berma da estrada

Os gráficos são desenhados para os vários valores calculados de directividade, aumentando o número de elementos para as três matrizes, para comparação destas três matrizes.

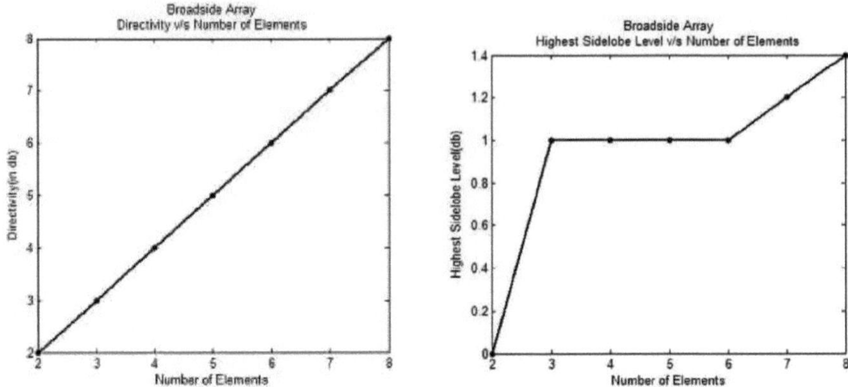


Figura 4.4 (a) Gráfico de directividade para matrizes Broadside
Figura (b) Gráfico de lóbulos laterais para matrizes Broadside

Observa-se que, no caso da matriz Broadside, a directividade aumenta linearmente com o número de elementos, como mostra a fig. 4.4 (a). O nível dos lóbulos laterais também aumenta linearmente com o aumento do número de elementos, mas a um nível torna-se constante e depois volta a aumentar com o aumento do número de elementos, como mostra a fig. 4.4 (b).

### 4.2.3. 2Feixe de antenas binomiais

Para a matriz binomial, o valor da directividade aumenta exponencialmente com o aumento do número de elementos, como mostra a fig. 4.5 (a). Da mesma forma, o valor do nível do lóbulo lateral também aumenta exponencialmente, mas este aumento é menor, como mostra a figura 4.5 (b).

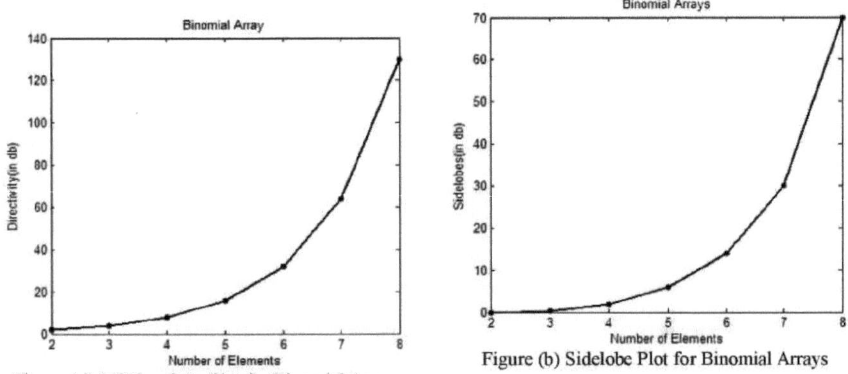


Figure 4.5 (a) Directivity Plot for Binomial Arrays
Figure (b) Sidelobe Plot for Binomial Arrays

Verifica-se um aumento do valor da directividade para o conjunto de antenas binomiais em comparação com o dos conjuntos de antenas Broadside. Mas também o nível do lobo lateral é maior no caso dos conjuntos de antenas binomiais.

### 4.2.3.3 Antena de Dolph-Tchebyscheff

A directividade no caso da matriz Dolph-Tchebyschev aumenta exponencialmente com o aumento do número de elementos de uma matriz, como mostra a figura 4.6 (a). O nível dos lóbulos laterais torna-se constante para um determinado valor, mas, após esse valor constante, verifica-se um aumento linear do seu valor, como mostra a figura 4.6 (b).

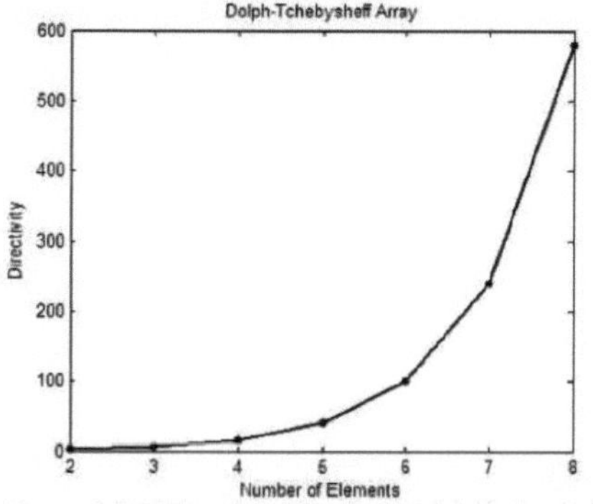

Figure 4.6 (a) Directivity Plot for Dolph-Tchebyscheff Arrays

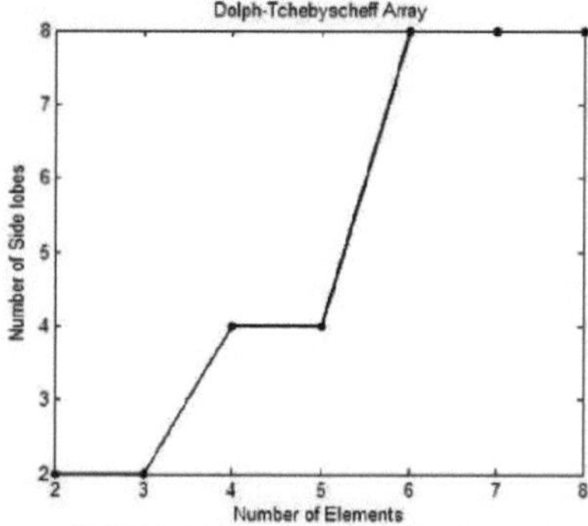

Figure (b) Sidelobe Plot for Dolph-Tchebyscheff Arrays

Observa-se que o aumento da directividade da matriz Dolph-Tchebyscheff é superior ao das matrizes Binomial e Broadside. Mas o nível dos lóbulos laterais é superior ao das outras duas. No caso da matriz Binomial, a directividade é superior à da matriz Broadside e o nível dos lóbulos laterais é inferior ao da matriz Dolph-Tchebyscheff.

## 4.3 Análise de matrizes rectangulares

Nesta secção, as matrizes rectangulares são analisadas com a ajuda da caixa de ferramentas DSP do MATLAB. A geometria da matriz é uma forma de melhorar o desempenho da estimação dos parâmetros e de evitar ambiguidades. Existe uma grande quantidade de resultados disponíveis para matrizes lineares e circulares (uniformes ou não) [20]. O fator de matriz para uma matriz retangular M X N no plano xy é dado por

$$AF(\theta,\phi) = \sum_{m=1}^{M}\sum_{n=1}^{N} E_{mn}\, e^{-j[(m-1)\Psi_x+(n-1)\Psi_y]} \quad \dots (4.4)$$

$$\Psi_x = kd_x \sin\theta\cos\phi \quad \dots (4.5)$$

$$\Psi_y = kd_y \sin\theta\sin\phi \quad \dots (4.6)$$

em que $d_x$ e $d_y$ são os espaçamentos entre os elementos adjacentes ao longo do eixo x e do eixo y, respetivamente, e os $E_{mn}$ são as excitações de corrente. A resposta em frequência de um filtro bidimensional é dada por

$$H(j\omega_1, j\omega_2) = \sum_{m=1}^{M} \sum_{n=1}^{N} h_{mn}\, e^{-j[(m-1)\omega_1+(n-1)\omega_2]} \quad \dots (4.7)$$

em que $h_{mn}$ são os coeficientes de resposta ao impulso. As equações (4.4) e (4.7) têm um formato semelhante, exceto pelo sinal de menos na potência das exponenciais complexas. Portanto, a ferramenta que é usada para encontrar a resposta em frequência pode ser usada para encontrar a resposta da matriz em função das variáveis θ e ϕ. A caixa de ferramentas DSP do MATLAB tem a função que é utilizada para encontrar a resposta em frequência de filtros bidimensionais. O mesmo pode ser usado efetivamente para avaliar o padrão de radiação das matrizes bidimensionais [13].

### 4.3.1Resultados do feixe de antenas rectangulares

Para o caso das matrizes rectangulares, as equações discutidas na secção anterior são efetivamente utilizadas para avaliar o padrão de radiação das matrizes bidimensionais; os valores da directividade são obtidos tomando elementos uniformes ao longo de um eixo e elementos variáveis no outro eixo. No caso de uma matriz retangular de 2X3 elementos, são tomados 2 elementos ao longo do eixo x e 3 elementos ao longo do eixo y. Do mesmo modo, para o caso de 3, 4 e 5 elementos, as simulações são analisadas utilizando a caixa de ferramentas DSP do MATLAB. O padrão de radiação tridimensional da matriz retangular pode ser gerado a partir dos três argumentos, ou seja, correntes, theta e phi.

O padrão de radiação de várias matrizes rectangulares uniformes no plano x-y é apresentado na Figura 4.7 (a) - (l).

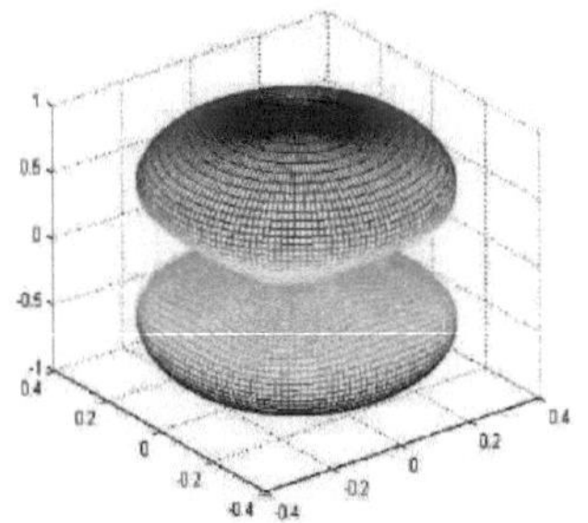

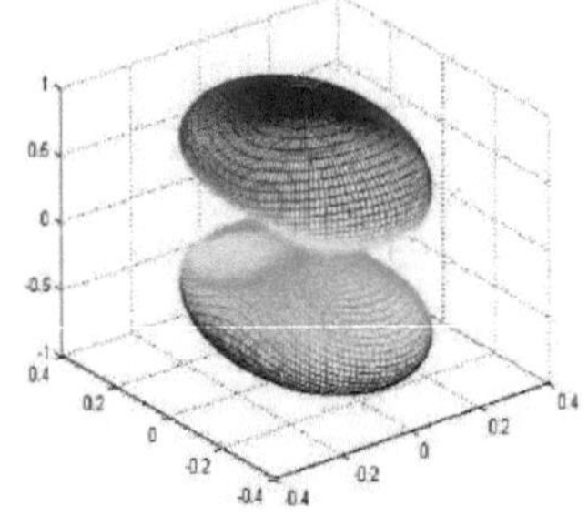

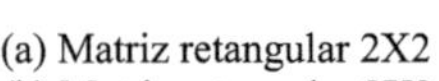
(a) Matriz retangular 2X2

(b) Matriz retangular 2X3

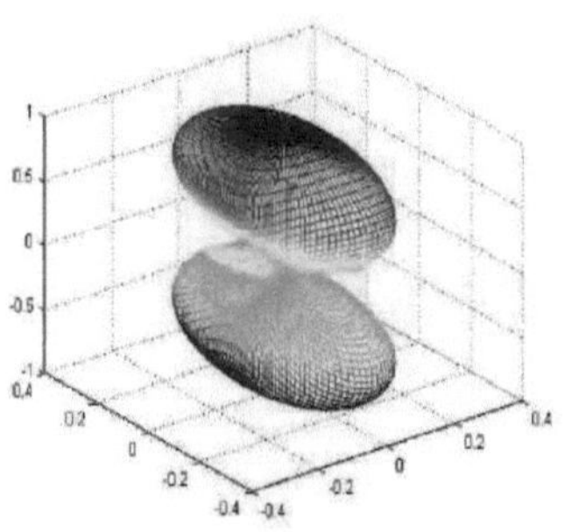

(c) Matriz retangular 2X4
(d) Matriz retangular 2X5

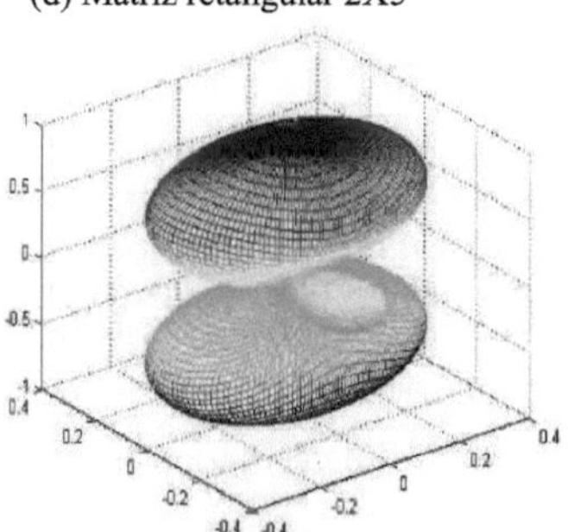

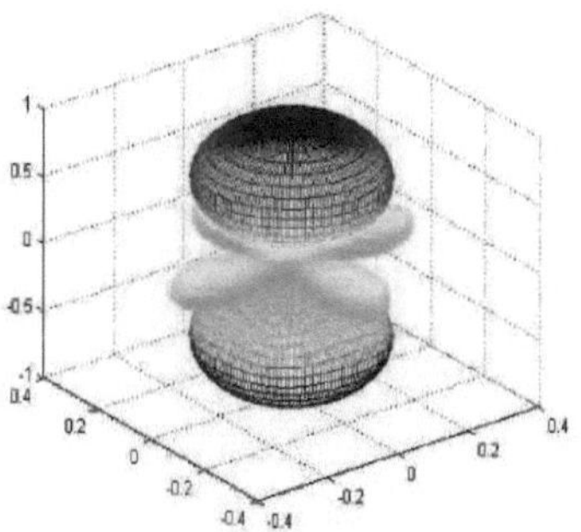

(e) Matriz retangular 3X2
(f) Matriz retangular 3X3

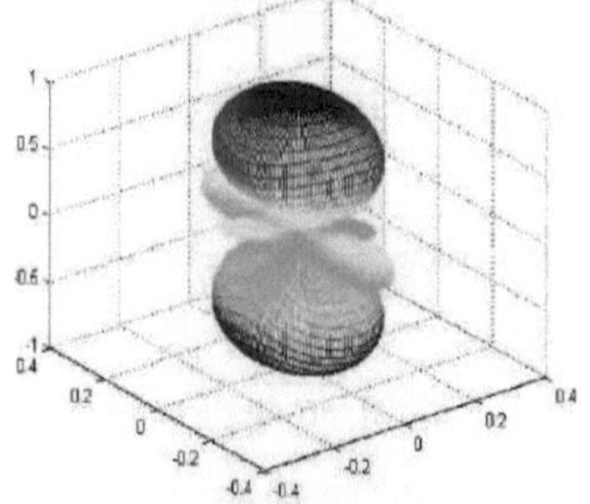

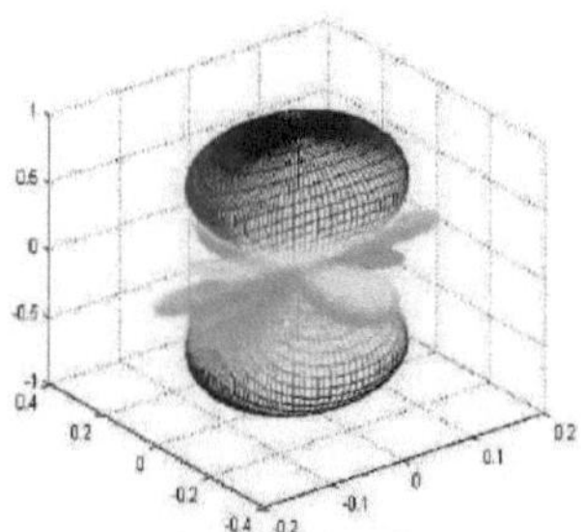

(g) Matriz retangular 3X2
(h) 3X3 Matriz retangular

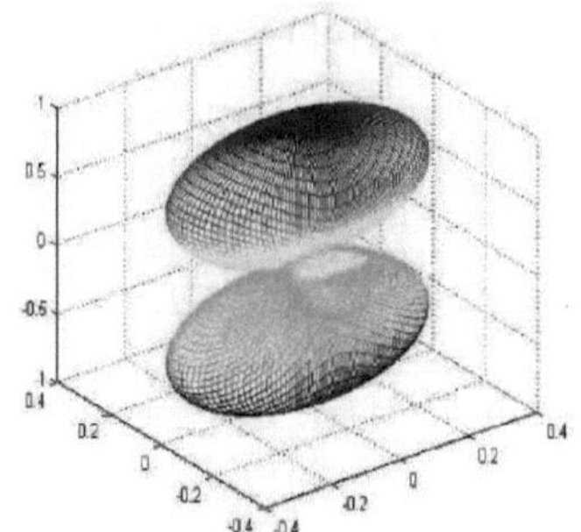

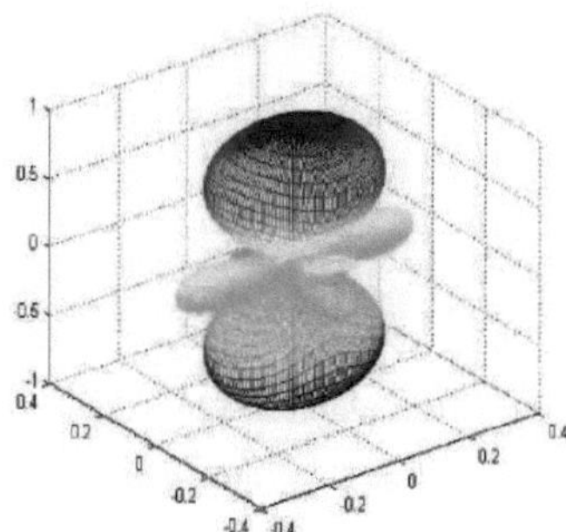

(i) Matriz retangular 4X2
(j) Matriz retangular 4X3

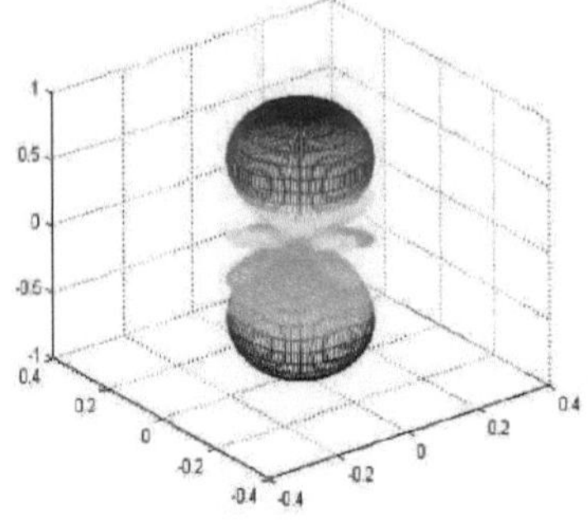

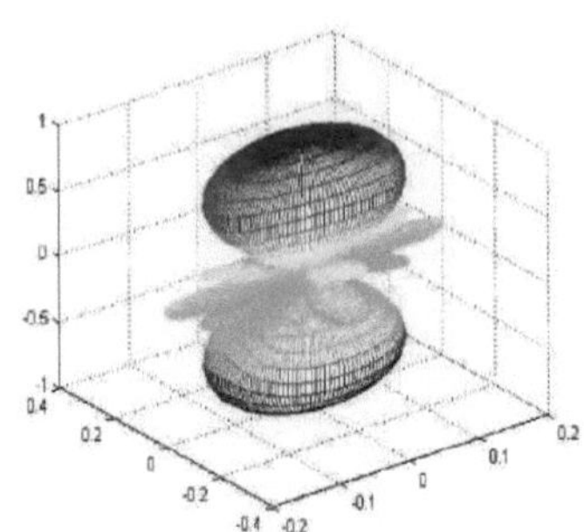

(k) Matriz retangular 4X4
(l) 4X5 Matriz retangular

Figura 4.7 Padrão de radiação da matriz retangular: (a) matriz retangular 2X2, (b) matriz retangular 2X3, (c) matriz retangular 2X4, (d) matriz retangular 2X5, (e) matriz retangular 3X2, (f) matriz retangular 3X3, (g) matriz retangular 3X4, (h) matriz retangular 3X5, (i) matriz retangular 4X2, (j) matriz retangular 4X3, (k) matriz retangular 4X4, (l) matriz retangular 4X5

É observado o padrão de radiação para diferentes conjuntos de antenas rectangulares. Observa-se que, ao aumentar o número de elementos num conjunto de antenas, são introduzidos mais lóbulos laterais e o padrão de radiação torna-se compacto e, por conseguinte, o valor da directividade é mais elevado.

## 4.4 Análise da directividade de um conjunto de antenas rectangulares utilizando o PCAAD

A rotina de matriz retangular (presente no PCAAD) é utilizada para traçar padrões e calcular a directividade de uma antena de matriz plana retangular. No projeto de muitos conjuntos de antenas, o objetivo principal é atingir uma directividade especificada [21]. Assim, o cálculo da directividade para espaçamentos variáveis é uma tarefa útil. Assim, existem vários fenómenos físicos em que o vetor de direção recebido não está frequentemente alinhado com a direção nominal esperada: tais como erros de apontamento causados pela antena de radar que forma um feixe não apontado na direção exacta desejada, calibração imperfeita do conjunto e forma distorcida da antena devido a imperfeições do conjunto [22]. Uma vez que as excitações que proporcionam a máxima directividade dos agregados planos podem ser calculadas analiticamente e devido à natureza da correspondência das excitações [23]. As matrizes rectangulares com espaçamentos constantes ou variáveis serão estudadas para matrizes bidimensionais [24]. O tamanho da matriz, a conicidade da amplitude, a distribuição de fase e o tipo de elemento podem ser especificados. O número de elementos e o espaçamento entre elementos (centro a centro) em cada plano podem ser especificados separadamente. Podem ser efectuados gráficos de padrões nos planos E e H da matriz. Os padrões podem ser representados na forma polar, retangular ou volumétrica (3-D), e os padrões podem ser guardados como ficheiros de dados. A directividade da matriz também pode ser calculada. O padrão é calculado utilizando o fator de matriz da matriz multiplicado pelo fator do elemento. Os efeitos de acoplamento mútuo não são incluídos nesta rotina. A directividade é calculada por integração numérica do padrão, o que pode ser muito moroso para matrizes de grandes dimensões [25]. O tamanho máximo da matriz é limitado a 200 elementos em cada dimensão.

### 4.4.1 Variáveis utilizadas na simulação

O PCAAD permite variar e manipular muitos parâmetros para obter os valores correspondentes de directividade. No contexto do presente trabalho, podemos classificar todos os parâmetros da seguinte forma: 4.4.1.1 Parâmetros constantes:

(a) Frequência da fonte (f) - A frequência é mantida em 2 GHz. É preferida devido ao facto de as gamas de frequência serem utilizadas nas comunicações celulares. O número 2 utilizado resulta do facto de um sinal com uma frequência de 2 GHz ter um comprimento de onda de 10 cm (que é muito mais fácil de manusear do que 9,9867 cm ou 10,793 cm).

(b) Distribuição de fase - Tomámos a distribuição de fase do lado largo para os conjuntos de antenas em observação. Isto permite uma fácil transformação para matrizes planas bidimensionais.

(c) Tipo de elemento de antena - Um elemento isotrópico compõe todas as antenas do conjunto analisado.

(d) Distribuição da amplitude - Tomámos o padrão uniforme de distribuição da amplitude em todos os elementos do conjunto de antenas em análise.

#### 4.4.1.2 Parâmetros variáveis:

(a) Número de elementos (N) - O número de elementos de antena num conjunto varia entre 2 e 10, de modo a que a gama de observações vá de antenas pequenas a grandes.

(b) Espaçamento inter-elementos (d) - É alterado de 7 cm para 15 cm. Nunca se toma um valor superior a $\lambda$ devido ao problema dos lóbulos da grelha. É medido de centro a centro de um par de elementos adjacentes.

Como já foi referido anteriormente, o software PCAAD é utilizado para obter o valor da directividade em várias condições. Os gráficos são traçados para vários conjuntos de elementos, variando o espaçamento entre elementos com o MATLAB. Em primeiro lugar, tomámos um conjunto de antenas de 2 elementos e continuámos a alterar o espaçamento entre os dois elementos de 7 cm para 15 cm. Os valores de directividade com estes espaçamentos são anotados com especial ênfase naquele que nos dá a directividade máxima. Este valor particular de espaçamento é o valor ótimo que procuramos. Pode ser definido como o valor de espaçamento que dá a máxima directividade para um determinado número de elementos, se não forem tidos em conta outros factores. O ponto de máxima directividade é então representado no gráfico de directividade versus espaçamento inter-elementos. Estes gráficos podem ser desenhados variando o número de elementos e, por conseguinte, o espaçamento entre eles e calculando o valor particular da directividade como nos tópicos discutidos.

### 4.4.2 Efeito do número de elementos na directividade

O efeito do número de elementos na directividade pode ser melhor compreendido variando o número de elementos dos conjuntos de antenas e também variando o espaçamento entre os elementos. Os gráficos da directividade no valor ótimo são representados na fig. 4.8 (a) - (l). Nesta secção, o espaçamento ótimo para diferentes conjuntos de antenas 2X2, 3X3, 4X4, 5X5, 6X6, 7X7, 8X8, 9X9 e 10X10 é encontrado utilizando o software PCAAD para obter a máxima directividade.

A figura 4.8 (a) mostra claramente que, com o aumento do espaçamento entre os elementos, a directividade da matriz aumenta. O espaçamento entre elementos varia de 7 cm a 15 cm. A directividade torna-se óptima a 10 cm, começando depois a diminuir com o aumento do número de elementos. Assim, o espaçamento ótimo é de 10 cm e a directividade observada no espaçamento ótimo é de 8,80 db.

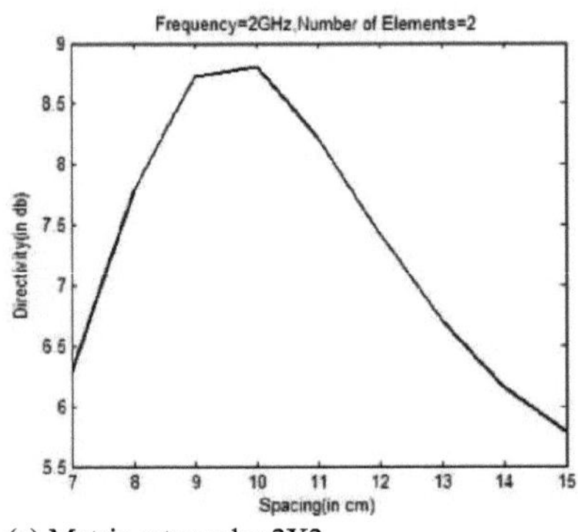


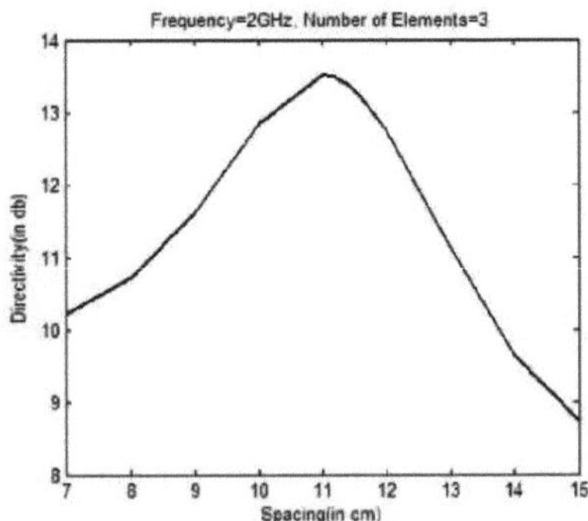


(a) Matriz retangular 2X2
(b) Matriz retangular 3X3

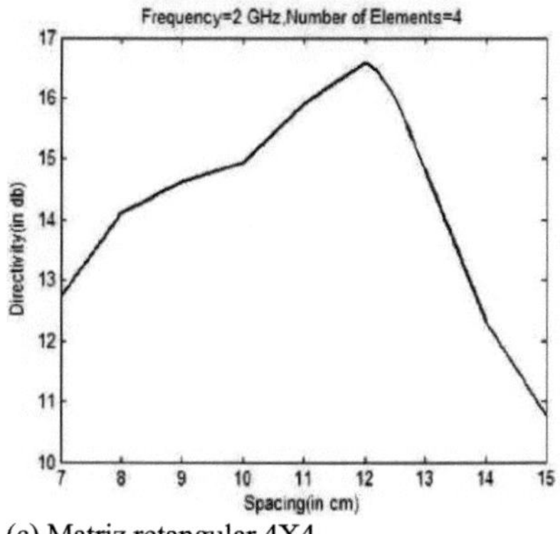


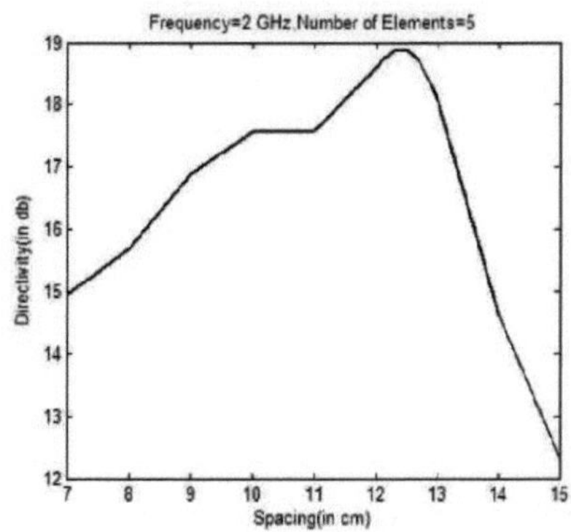


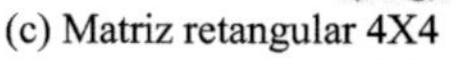
(c) Matriz retangular 4X4
(d) Matriz retangular 5X5

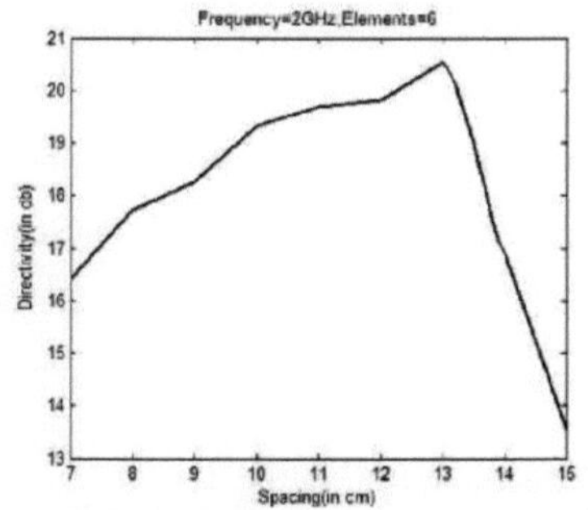


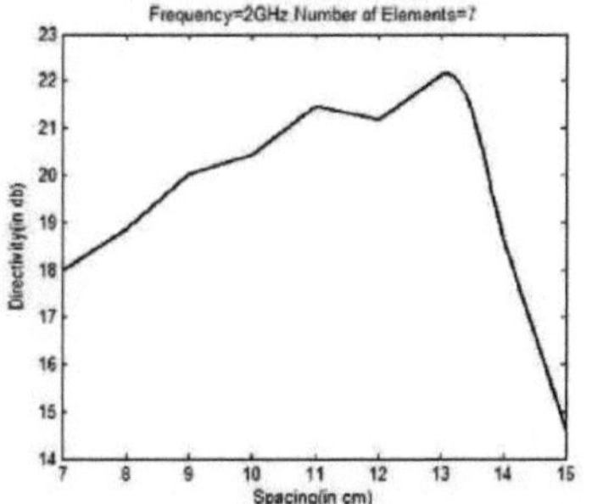


(e) Matriz retangular 6X6
(f) Matriz retangular 7X7

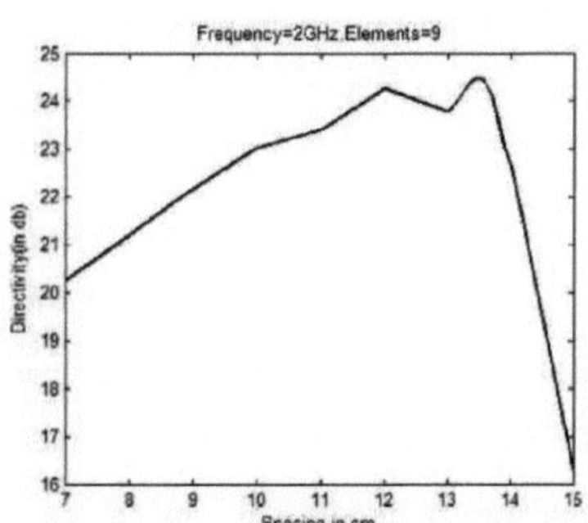


(g) Matriz retangular 8X8
(h) 9X9 Matriz retangular

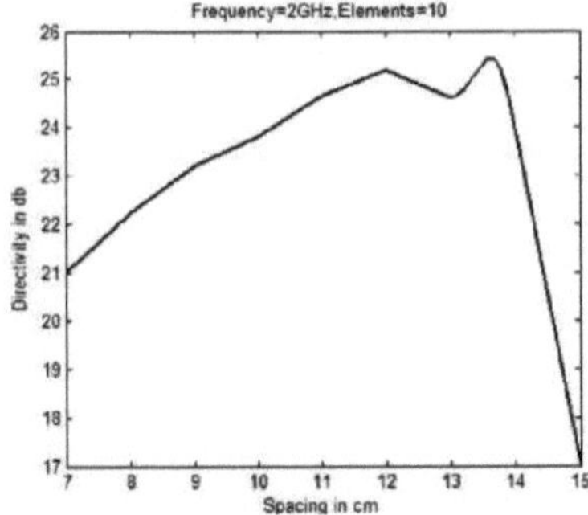


(i) Matriz retangular 10X10

Figura 4.8.Directividade versus espaçamento (a) matriz retangular 2X2, (b) matriz retangular 3X3, (c) matriz retangular 4X4, (d) matriz retangular 5X5, (e) matriz retangular 6X6, (f) matriz retangular 7X7, (g) matriz retangular 8X8, (h) matriz retangular 9X9, (i) matriz retangular 10X10

A Figura 4.8 (b) mostra que a directividade de um conjunto de antenas de 3 elementos aumenta quando o espaçamento entre elementos é aumentado de 7 cm para 11 cm. Atinge o máximo a 11 cm, começando depois a diminuir. Além disso, o valor da directividade aumentou consideravelmente em comparação com o do conjunto de antenas de 2 elementos. Assim, a directividade máxima é de 13,52 db e o espaçamento ótimo é de 11 cm. Como se pode ver na figura 4.8 (c), a directividade do conjunto aumenta quando o espaçamento entre elementos varia de 7 cm para 15 cm. Torna-se óptima a 12 cm, começando depois a diminuir. medida que se aumenta o número de elementos de uma matriz, a directividade também apresenta um aumento do seu valor. O espaçamento ótimo observado para uma matriz retangular de 4 elementos é de 12 cm e a directividade neste espaçamento ótimo é de 16,59 db.

A figura 4.8 (d) mostra claramente que a directividade do conjunto aumenta quando se aumenta o espaçamento entre os elementos. Torna-se quase constante de 10 cm a 11 cm, depois de 11 cm o valor da directividade começa novamente a aumentar até cerca de 12 cm e depois começa a diminuir acentuadamente. A directividade máxima é de 18,90 db e o espaçamento ótimo é de 12,4 cm. Verifica-se um aumento em toda a gama de valores da directividade devido ao aumento do número de elementos do conjunto de antenas. Como se observa na figura 4.8 (e), a directividade do conjunto aumenta quando o espaçamento entre elementos varia de 7 cm para 15 cm para 6 elementos. Torna-se óptima a 13 cm, começando depois a diminuir. Também mostra que a directividade aumentou em comparação com os casos anteriores devido ao aumento do número de elementos do conjunto de antenas. O valor da directividade no espaçamento ótimo de 13 cm é de 20,55db.

A figura 4.8 (f) ilustra que a directividade do conjunto aumenta com a variação do espaçamento entre elementos. Atinge o máximo a 11 cm e começa a diminuir gradualmente até 12 cm, após o que o valor da directividade aumenta até 13 cm e começa a diminuir novamente. Além disso, a directividade aumentou em comparação com o valor anterior devido ao aumento do número de elementos do conjunto de antenas. A directividade máxima é de 22,16 db com um espaçamento ótimo de 13,1 cm.

A figura 4.8 (g) apresenta os resultados para a matriz de 8 elementos. A directividade da matriz aumenta quando o espaçamento entre elementos varia de 7 cm para 13 cm. Atinge um máximo a 13,4 cm, começando depois a diminuir. Além disso, a directividade aumentou cerca de 1 dB em comparação com a sua homóloga de 7 elementos. O máximo de directividade para 8 elementos ocorre a 23,40db com um espaçamento ótimo de 13,3 cm.

Como se depreende da figura 4.8 (h), a directividade do conjunto de 9 elementos aumenta primeiro quando o espaçamento entre elementos é alterado de 7 cm para 12 cm, atinge um valor ótimo de 24,5 db a 12 cm e depois começa a diminuir a 13,5 cm. O valor global da directividade aumentou em relação ao valor anterior como consequência do aumento do número de elementos do conjunto de antenas. Assim, o espaçamento ótimo é de 13,5 cm e a directividade a este espaçamento é de 24,49 db. O caso de um conjunto de 10 elementos é apresentado na Figura 4.8 (i). A directividade do conjunto de antenas aumenta inicialmente até ao espaçamento de 12 cm, depois diminui por volta dos 13 cm e, aos 14 cm, atinge o seu valor máximo, diminuindo depois bruscamente quando o espaçamento entre os elementos diminui ainda mais. Assim, devido ao aumento do número de elementos, a directividade apresenta um aumento considerável do seu valor global em relação aos casos anteriores. O valor ótimo de directividade para 10 elementos é de 25,42 db com um espaçamento ótimo de 13,6 cm.

### 4.4.3Efeito do número de elementos no espaçamento ótimo e na directividade

O efeito do número de elementos no espaçamento ótimo e na directividade pode ser compreendido comparando os valores do número de elementos, do espaçamento ótimo e da directividade no espaçamento ótimo na forma de tabela.

Tabela 4.3 Efeito do número de elementos no espaçamento e na directividade

| **Number of Elements** | **Optimum Spacing(in cm)** | **Maximum Directivity(in db)** |
|---|---|---|
| 2X2 | 10 | 8.80 |
| 3X3 | 11 | 13.52 |
| 4X4 | 12 | 16.59 |
| 5X5 | 12.4 | 18.90 |
| 6X6 | 13 | 20.55 |
| 7X7 | 13.1 | 22.16 |
| 8X8 | 13.3 | 23.40 |
| 9X9 | 13.5 | 24.49 |
| 10X10 | 13.6 | 25.42 |

A tabela 4.3 mostra o efeito do número de elementos no espaçamento ótimo e no valor da directividade. Para cada elemento da matriz retangular, é anotado o valor do espaçamento ótimo e da directividade no espaçamento ótimo. O espaçamento ótimo é quase constante para vários números de elementos. Mas o valor da directividade nesse espaçamento ótimo vai aumentando com o aumento do número de elementos.

#### 4.4.3.1Avaliação dos resultados em termos de número de elementos e de espaçamento ótimo

Depois de termos encontrado os valores do espaçamento interelementar ótimo para diferentes números de elementos num conjunto de antenas rectangulares de lado largo, estamos prontos para analisar o valor do espaçamento interelementar ótimo em termos do número de elementos do conjunto. O gráfico seguinte ajuda-nos a fazer exatamente isso.

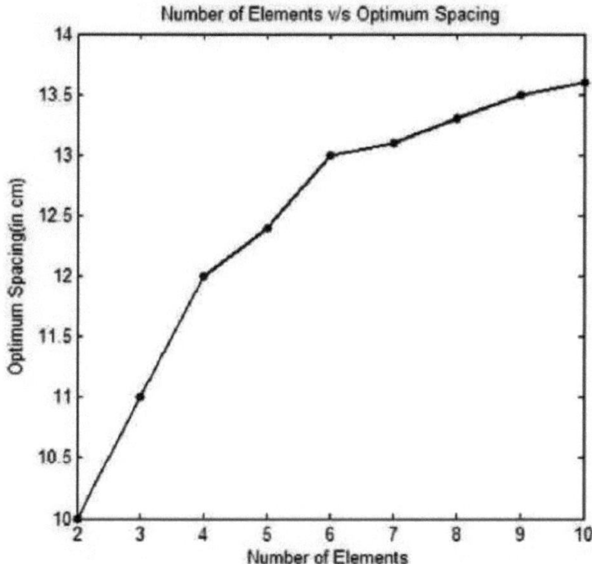


Figura 4.9 Espaçamento ótimo v/s. N.º de elementos Gráfico

Pode verificar-se que o espaçamento inter-elementos ótimo continua a aumentar com o aumento do número de elementos da antena até um determinado valor, tornando-se depois constante e aumentando novamente no caso de um conjunto retangular uniforme de grande dimensão. Também sabemos que a directividade aumenta com o aumento do número de elementos a partir da equação da directividade e dos resultados da simulação. Por conseguinte, para obter maior directividade, é necessário aumentar a dimensão do conjunto.

#### 4.4.2.1 Avaliação dos resultados em termos de número de elementos e directividade a

### Espaçamento ótimo

A equação (3.11) implica que a directividade deve variar em proporção direta com o número de elementos de uma matriz. Como referido anteriormente, esta equação baseia-se em alguns pressupostos. Por isso, vamos investigar o efeito prático do número de elementos do conjunto na sua directividade.

É evidente na figura 4.10 que a directividade vai aumentando à medida que aumentamos o número de elementos de uma matriz.

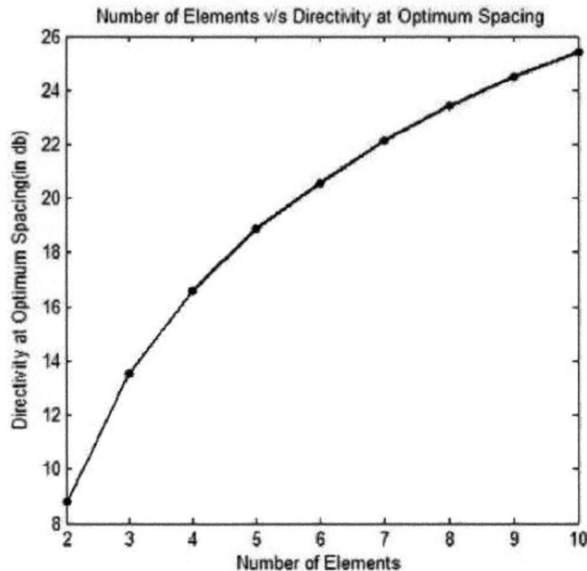


Figura 4.10 Gráfico de directividade no espaçamento ótimo vs. número de elementos

O gráfico desvia-se de uma linha reta na direção descendente. Mostra que a directividade em espaços óptimos aumenta exponencialmente à medida que o número de elementos varia. Por isso, não podemos duplicar a directividade simplesmente duplicando o número de elementos de uma matriz.

# CAPÍTULO 5

# CONCLUSÃO E ÂMBITO FUTURO

Este capítulo trata da análise pormenorizada dos resultados obtidos a partir de simulações efectuadas com os programas MATLAB e PCAAD. Os resultados obtidos com os vários métodos são satisfatórios e quase atingiram os objectivos. Foram efectuadas comparações com referência aos aspectos teóricos relacionados com os resultados e as discrepâncias observadas são discutidas e comentadas.

## 5.1 Conclusões

As três matrizes lineares são comparadas. No conjunto de antenas Broadside, a directividade aumenta linearmente com o aumento do número de elementos, enquanto nos conjuntos de antenas Binomial e Dolph-Tchebyscheff a directividade aumenta exponencialmente. O aumento da directividade com o número de elementos em Dolph-Tchebyscheff é maior.

Além disso, no conjunto de antenas Dolph-Tchebyscheff, o aumento do nível dos lóbulos laterais é maior do que nos conjuntos de antenas broadside e binomial. Para um bom sistema de comunicação, é desejável uma maior directividade e um nível mínimo de lóbulos laterais. O conjunto de antenas binomiais é considerado o melhor em termos de maior directividade e nível de lóbulo lateral em comparação com os outros dois. Uma vez que preenche todas as duas condições.

Também foi feita a análise de matrizes rectangulares, que mostra que, numa determinada matriz, o aumento do número de elementos ao longo de uma direção, mantendo uma direção constante, pode levar à obtenção de um valor compacto de directividade em termos de padrão de radiação e ao aumento do número de lóbulos laterais.

Este estudo mostra claramente que a directividade da matriz retangular aumenta com o aumento do número de elementos. Este aumento da directividade ocorre até um determinado valor, após o qual o valor da directividade continua a diminuir. A diminuição do valor da directividade não é detectada para uma matriz retangular de valor mais elevado. É obtido o valor ótimo de directividade.

## 5.2 Âmbito futuro

Não há falta de aplicações em que a análise de um conjunto de antenas possa ser útil. Os próximos passos óbvios seriam continuar o trabalho desta dissertação para matrizes com um número maior de elementos. O trabalho realizado nesta tese pode ser alargado de várias formas. No caso de matrizes lineares, os vários algoritmos de otimização, como o algoritmo genético e o algoritmo de otimização por enxame de partículas, podem ser aplicados para a otimização da directividade de diferentes matrizes de antenas. As redes neurais também podem ser utilizadas para a estimativa da directividade. A otimização da directividade em conjuntos de antenas rectangulares também pode ser utilizada para os conjuntos de antenas não uniformes.

# REFERÊNCIAS


1. John N. Sahalos, "Orthogonal Methods for Array Synthesis: Theory and the ORAMA Computer Tool", John Wiley & Sons, 2006.
2. Constantine A. Balanis, "Antenna Theory - Analysis and Design", John Wiley and Sons, Inc., 1982.
3. Peter Joseph Bevelacqua, "Antenna Arrays: Performance Limits and Geometry Optimization", Tese de Doutoramento, Universidade Estatal do Arizona, maio de 2008.
4. "Antennas", Amanogawa, 2006 - Série Digital Maestro.
5. K.D.Prasad, "Antenna *and Wave Propagation*", Satya Parkashan, 2007.
6. "Antenna Tutorial", Aerocomm, 13256 W. 98th Street, Lenexa, KS 66215, (800)492-2320.
7. Sophocles J. Orfanidis, "Electromagnetic Waves and Antennas", Universidade de Rutgers, 94 Brett Road Piscataway, NJ 08854-8058.
8. Lal C. Godara, "Applications of Antenna Arrays to Mobile Communications Part II", *Proceeding of the IEEE*, Volume: 85, No. 8, agosto de 1997.
9. J. Davalos Guzman, S. Gomez Ochoa, N. Ramirez Hernandez, J. L. Ramos Quirarte, "MATLAB Tool for Analysis and Design OF Linear and Planar Antenna Arrays", 1st *Congresso Internacional de Instrumentação e Ciências Aplicadas*, Cancun Q.R. México, 26-29 de outubro de 2010.
10. Chuan Lin, Anyong Qing, Quanyuan Feng, "Synthesis of unequally Spaced Antenna Arrays by a new Differential Evolutionary Algorithm", *International Journal of Communication Networks andnformation Security (JCNS)*, Vol. 1, No. 1, abril de 2009.
11. Rosaura Lorenzo-De-La-Cruz, Mario Reyes-Ayala, Edgar Alejandro Andrade-Gonzalez, Jose Alfreso Tirado-Mendez, Hildeberto Jardon Aguilar, "Analysis and Design of Antenna Arrays for

Microwave Links", *Actas da 9ª Conferência Internacional de Telecomunicações e Informática da WSEAS*, abril de 2009.

12. Jose Luis Ramos Q., Martin J. Martinez S., Gustavo A.Vega G.,M. Susana Ruiz P, "Software for Calculating Radiation Patterns for Linear Antenna Arrays", *WSEAS Transactions on Systems,* Issue 2, Vol.1, April 2002, pp. 238-243.
13. Boufeldja Kadri, Miloud Boussahla, Fethi Tark Bendimerad, "Phase-Only Planar Antenna Array Synthesis with Fuzzy Genetic Algorithms", *IJCSI International Journal of Computer ScienceIssues*, Vol. 7, Issue 1, No. 2, janeiro de 2010.
14. Gerd Sommerkorn, Dirk Hampicke, Ralf Klukas, Andreas Richter, Axel Schneider, Reiner Thoma, "Uniform Retangular Antenna Array Design and Calibration Issues for 2-D ESPRIT Application", 20 a 22 de fevereiro de 2001.
15. Frode Bohagen, Pal Orten, and Geir Oien, "Optimal Design of Uniform Retangular Antenna Arrays for Strong Line-of-Sight MIMO Channels", *Hindawi Publishing Corporation EURASIP Journal on Wireless Communications and Networking* Volume 2007, Article ID 45084, 10 páginas doi:10.1155/2007/45084.
16. Emilson Pereira Leite, "Matlab - Modelação, Programação e Simulações", InTech, outubro 2010.
17. Rui Wang, Hong Wu, Andreas C. Cangellaris, Jian-Ming Jin, "Analysis of Antenna Arrays with Distributed Feed Network Using the Time-Domain Finite Element Method" (Análise de matrizes de antenas com rede de alimentação distribuída utilizando o método dos elementos finitos no domínio do tempo)
18. Stephen Jon Blank e Michael F. Hutt, "On the Empirical Optimization of Antenna Arrays", *IEEE Antennas and Propagation Magazine,* Volume 47, Número 2, abril de 2005, pp.5867.
19. Gurdeep Mohal, Jaspreet Kaur, Amanpreet Kaur, "Radiation Pattern Analysis and Synthesis of Antenna Arrays using Convex Optimization", *International Journal of Electronics Engineering,* 2 (2), 2010, pp. 279 - 282.
20. Dinh Thang Vu, Alexandre Renaux, Remy Boyer e Sylvie Marcos, "Performance Analysis of 2D and 3D Antenna Arrays for source Localization" , *18t European Signal Processing Conference (EUSIPCO-2010)*, Aalborg, Dinamarca ,August 23-27, 2010.
21. Min Joon Lee, Lickho Song, Seokho Yoon e So Ryoung Park, "Evaluation of Directivity for Planar arrays", IEEE Antenna and Propagation Magazine, Vol. 42, No. 3, junho de 2000.
22. Antonio De maio, Yongwei Huang, Daniel P. Palomar, Shuzhong Zhang e Alfonso Farina, "Fractional QCQP With Applications in ML Steering Diretion Estimation for Radar Detection",

*IEEE TRANSACTIONS ON SIGNAL PROCESSING,* VOL.59, NO. 1, JANEIRO DE 2011.

23. P. Rocca, L. Manica, e A. Massa, "Directivity optimization in planar sub-arrayed monopulse antenna", *Progress In Electromagnetics Research Letters, Vol. 4, 1-7, 2008.*
24. M.T.Ma, "Theory and application of antenna arrays" Uma publicação da Wiley-Interscience John Wiley & Sons.
25. Dr. Guy Kouemou, "Radar Technology", INTECH, Croácia, ISBN 978-953-307-029-2, pp. 410, dezembro de 2009.

Printed by Books on Demand GmbH, Norderstedt / Germany